U0344629

爱上编程
Programming

派森社

人工智能创新教育促进会 **推荐**

Python

机器学习
入门

程晨 著

➕ **Python 3 基础知识**
➕ **机器学习入门实战**
➕ **从文字处理到图像识别**

人民邮电出版社

北京

图书在版编目（CIP）数据

Python机器学习入门 / 程晨著. -- 北京 ：人民邮
电出版社，2021.3（2023.1重印）
（爱上编程）
ISBN 978-7-115-55507-6

Ⅰ. ①P… Ⅱ. ①程… Ⅲ. ①软件工具－程序设计－
青少年读物 Ⅳ. ①TP311.56 49

中国版本图书馆CIP数据核字(2021)第024418号

内 容 提 要

Python 是一种解释型、面向对象、动态数据类型的高级程序设计语言。它具有丰富和强大的模块（库），能够很轻松地把用其他编程语言（尤其是 C/C++）编写的各种模块联结在一起。这两年随着人们对人工智能的关注越来越多，大家对 Python 的学习热情也越来越高。在 IEEE 发布的编程语言排行榜中，Python 已经多年排名第一。

这本 Python 编程与机器学习的入门书，首先介绍了一些 Python 编程的基础知识，然后基于图像识别的机器学习技术介绍了关于人工智能的一些知识和概念。读者可以跟随本书讲解动手编程实现图像特征检测、人脸识别、手写数字识别等应用，从而建立起对人工智能、机器学习、人工神经网络的初步认识。

本书适合对人工智能感兴趣但缺乏编程基础的初学者阅读。它能够帮助读者更加轻松地进入 Python 编程以及人工智能的世界。

◆ 著　　　　　程 晨
责任编辑　周 明
责任印制　陈 犇

◆ 人民邮电出版社出版发行　　北京市丰台区成寿寺路 11 号
邮编　100164　电子邮件　315@ptpress.com.cn
网址　https://www.ptpress.com.cn
北京虎彩文化传播有限公司印刷

◆ 开本：787×1092　1/16
印张：10.5　　　　　　　　2021 年 3 月第 1 版
字数：188 千字　　　　　　2023 年 1 月北京第 2 次印刷

定价：79.00 元

读者服务热线：**(010)81055493**　印装质量热线：**(010)81055316**
反盗版热线：**(010)81055315**
广告经营许可证：京东市监广登字 20170147 号

前 言

国务院印发的《新一代人工智能发展规划》中明确指出人工智能成为国际竞争的新焦点，应实施全民智能教育项目，在中小学阶段设置人工智能相关课程，逐步推广编程教育，建设人工智能学科，重视复合型人才培养，形成我国人工智能人才高地。而在对人工智能的学习中，Python的作用非常重要。

Python是一种解释型、面向对象、动态数据类型的高级程序设计语言。它具有丰富和强大的模块（库），能够很轻松地把用其他语言（尤其是C/C++）编写的各种模块联结在一起。在IEEE发布的编程语言排行榜中，Python已经多年排名第一。目前主流的人工智能深度学习框架，如TensorFlow、Theano、Keras等都是基于Python开发的。

我第一次接触Python还是在诺基亚的塞班（Symbian）时代，它是为数不多的能够在塞班系统上编程的语言，当时我的感觉就是它比较容易理解，不过我还没有真正地学习它。经过多年的发展，目前Python的功能已经非常强大了，作为一种高级编程语言，它具有丰富的第三方模块，官方库中也有相应的功能模块支持，覆盖了网络、文件、GUI、数据库、文本等常用功能和领域。

Python可以在多种主流的平台上运行，现在有很多领域都采用Python进行编程。为了帮助读者更好地梳理如何学习Python编程和人工智能，我编写了这本书。

本书的内容

本书分为上、下两篇，上篇主要讲Python编程的基础知识，包括基本的程序结构（顺序、选择、循环）、字符串、列表、字典、元组、对象、类库等。下篇主要基于图像识别的机器学习技术介绍了人工智能的一些知识和概念，包括监督学习与无监督学习、人工神经网络、图像特征检测、人脸检测、手写数字识别等。

本书面向的读者

目前市面上关于Python编程的书已经有不少，不过大都是从学习一门编程语言的角度来介绍的。而本书是以人工智能入门这个主题切入的，前面所有的基础知识都是为这个主题服务的，所以内容针对性更强也更加实用。本书面向所有想学习 Python 语言以及想了解人工智能知识的读者，目标更明确。而相比于一般的人工智能入门书，本书又更偏重实际操作，并不只是空洞地介绍人工智能的概念和理论，而是带领大家通过动手编程来理解概念和理论。在阅读了本书之后，读者可以触类旁通地理解更多人工智能的应用。

由于本书下篇主要讲解基于图像识别的机器学习内容，为了更适合读者阅读，本书采用全彩印刷。这里要感谢人民邮电出版社的编辑在出版过程中付出的努力，更要感谢现在正捧着这本书的您，感谢您肯花费时间和精力阅读本书。书中难免存在疏漏，诚恳地希望您批评指正，您的意见和建议将是我的巨大财富。

程晨

2020 年 11 月

目 录

上篇

Python 编程入门

第1章　了解 Python

Python是一种解释型、面向对象、动态数据类型的高级程序设计语言。它具有丰富和强大的库，能够很轻松地把用其他语言（尤其是C/C++）制作的各种库联结在一起。这两年，随着对人工智能的关注越来越多，人们对Python的学习热情也越来越高涨。在IEEE发布的编程语言排行榜中，Python已经多年是第一名了。目前主流的深度学习框架，比如TensorFlow、Theano、Keras等都是基于Python开发的。

1.1　Python 的历史

1.1.1　Python 的出现

Python是由Guido van Rossum于1989年年底发明的，第一个公开发行版发行于1991年。他对这个叫Python的新语言的定位是：一种介于C和Shell之间，功能全面，易学易用，可扩展的语言。

这门语言之所以叫Python（巨蟒，其logo就像是两条缠在一起的蟒蛇），是因为Guido van Rossum是电视喜剧《巨蟒组的飞行马戏团》（Monty Python's Flying Circus）的狂热爱好者。该剧是英国的喜剧团体巨蟒组（Monty Python）创作的系列超现实主义电视喜剧，1969年首次以电视短剧的形式在BBC电视频道播出，共推出了4季、45集。随后喜剧团体巨蟒组的影响力从电视扩展到舞台剧、电影、音乐专辑、音乐剧等，被外国媒体认为在喜剧上的影响力不亚于披头士乐队在音乐方面的影响。它的6位成员都是来自牛津大学和剑桥大学的高材生。

除了Python，以流行文化命名的程序语言还有不少，比如Frink语言的名字就来自《辛普森一家》中的Frink教授。

1.1.2　Python 的发展

1991年，第一个Python编译器公开发行版发行。它基于C语言实现，并能够调用C语言的库文件。之后历经不断的换代革新，2004年，Python来到了一个具有里程碑意义的节点——2.4版本诞生！6年后，Python发展到2.7版本，这是目前为止2.x版本中使用较为广泛的版本。

2.7 版本的诞生不同于以往 2.x 版本的更新，它是 2.x 版本向 3.x 版本过渡的一个桥梁，在最大程度上继承了 3.x 版本的特性，同时尽量保持对 2.x 的兼容性。

在 Python 的发展历程中，3.x 版本在 2.7 版本问世之前就已经问世了，从 2008 年的 3.0 版本开始，Python 3.x 呈迅猛发展之势，版本更新活跃，一直发展到现在最新的 3.8.5 版本。

1.2 Python 的优缺点

1.2.1 Python 的优点

Python 的优点有以下几点。

1. 简单优雅

这是 Python 的定位，使得 Python 程序看上去简单易懂，初学者容易入门，学习成本更低。但随着学习的不但深入，Python 一样可以满足胜任复杂场景的开发需求。引用一个说法，Python 的哲学是就是简单优雅，尽量写容易看明白的代码，尽量写少的代码。

2. 开发效率高

Python 作为一种高级语言，具有丰富的第三方库，官方库中也有相应的功能模块支持，覆盖了网络、文件、GUI、数据库、文本等大量内容。因此开发者无须事必躬亲，遇到主流的功能需求时可以直接调用，在基础模块的基础上施展拳脚，这可以节省你很多精力和时间成本，大大缩短开发周期。

3. 无须关注底层细节

Python 作为一种高级开发语言，在编程时无须关注底层细节（如内存管理等）。

4. 功能强大

Python 是一种前端、后端通吃的综合性语言，功能强大。

5. 可移植性

Python 可以在多种主流的平台上运行，开发程序时只要绕开对系统平台的依赖性，则可以在无须修改的前提下运行在多种系统平台上。

1.2.2 Python 的缺点

Python 的缺点有以下几点。

1. 代码运行速度慢

Python不像C语言那样可以深入底层硬件，最大程度上挖掘、榨取硬件的性能，因此它的运行速度要远远慢于C语言。另外，Python是解释型语言，你的代码在执行时会被一行一行地翻译成CPU能理解的机器码，这个翻译过程非常耗时，所以很慢。而C程序是在运行前直接编译成CPU能执行的机器码，所以运行速度非常快。

不过这种慢对于不需要追求硬件高性能的应用场合来讲根本不是问题，因为它们比较的数量级根本不是用户能直观感受到的！

2. 必须公开源代码

因为Python是一种解释性语言，没有编译、打包的过程。所以必须公开源代码。

总体来讲，Python的优点多于缺点，而且缺点在多数情况下不是根本性问题，所以现在有很多领域采用Python进行编程。下面我们就来看看Python所适用的领域。

1.3　Python适用的领域

Python可应用于众多领域，具体来讲分为以下几个领域。

（1）云计算开发。Python是云计算领域最火的语言，典型代表为OpenStack。

（2）Web开发。众多优秀的Web框架（Youtube、instagrm、豆瓣等）均基于Python开发。

（3）系统运维。各种自动化工具，如CMDB（配置管理数据库）、监控告警系统、堡垒机、配置管理与批量分发工具等的开发均可以用Python搞定。

（4）科学计算、人工智能。据说用于围棋大战的AlphaGo就使用了Python进行开发。

（5）图形GUI处理。

（6）网络爬虫。现在很多网络爬虫基于Python开发，包括谷歌的爬虫。

目前业内绝大多数大中型互联网企业在使用Python。

1.4　Python的安装与使用

1.4.1　Python的下载

如果想下载Python的开发环境，可以在浏览器中打开Python的官方网站，如图1.1所示。

图1.1　Python官方网站界面

说明：Python的简单易学还体现在初学者的入门体验上。通常学习一种编程语言必须先下载、安装对应的开发环境，但是如果想体验Python编程，在Python的官方网站上就可以完成。

图1.1所示的界面中心有一个黄色的按钮，单击这个按钮能够打开一个在线的控制台，这里能够直接输入Python指令。

在官方网站内有一排选项按钮，将鼠标指针移动到"Downloads"上，就会弹出Downloads菜单下的选项，如图1.2所示。其中包含各个操作系统版本的Python的下载。

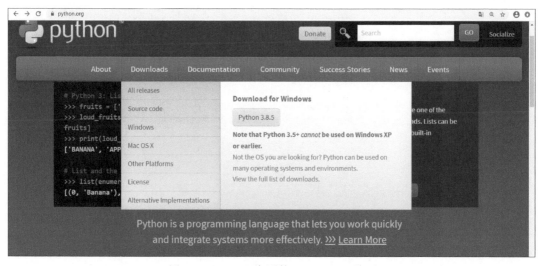

图1.2　Python官网的Downloads选项

这里由于网页检测到现在我使用的是 Windows 系统，所以在这些子选项的右侧会自动弹出 Windows 系统下 Python 的下载。单击按钮 "Python 3.8.5" 开始下载。

1.4.2　Python 的安装

当软件下载完成后，双击安装文件进行安装，界面如图 1.3 所示。

图 1.3　Python 的安装界面

注意这里最好把最下方的 "Add Python 3.8 to PATH" 复选框选上。然后选择 "Install Now"，接着就会出现一个安装的进度条。当进度条走完之后就安装完成了，界面如图 1.4 所示。

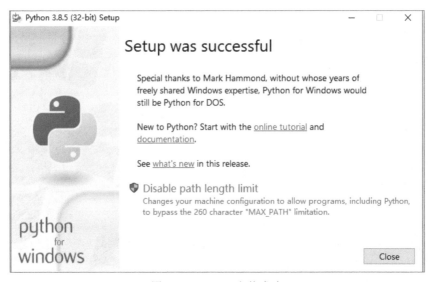

图 1.4　Python 安装成功

1.4.3　Python的使用

安装完成后，软件会提供两个工具，一个是命令行形式的Python控制台，如图1.5所示；另一个是Python的集成开发环境IDLE，如图1.6所示。

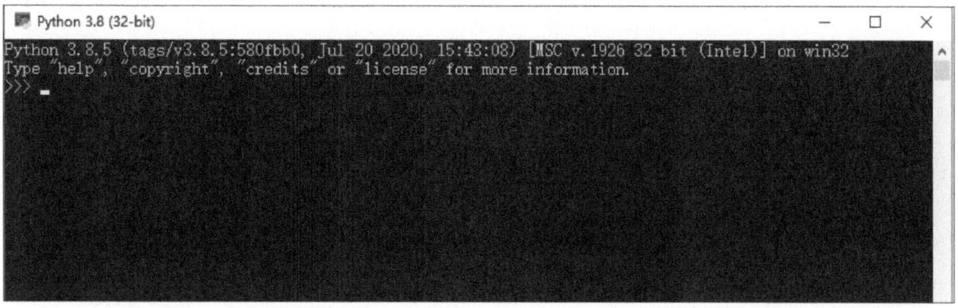

图1.5　命令行形式的Python控制台

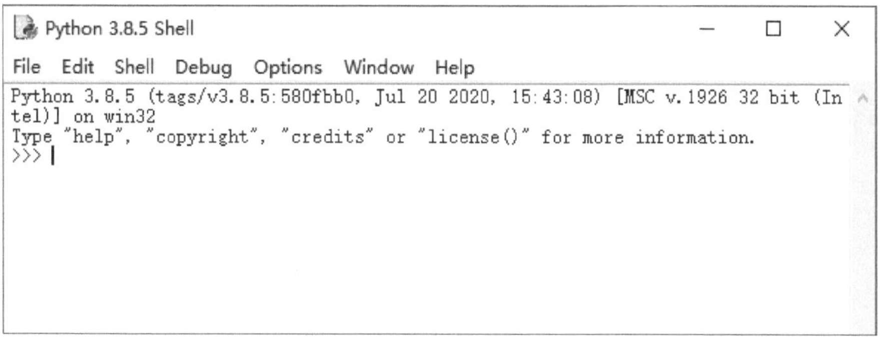

图1.6　Python IDLE

我们在这两种形式的控制台中，都能够直观地与Python进行交互。只要在窗口中的>>>提示符后面输入Python命令即可，比如我们输入：

```
print( "Hello, World!" )
```

之后，当按下回车键时就会在下面显示出字符串"Hello，World!"，如图1.7所示。

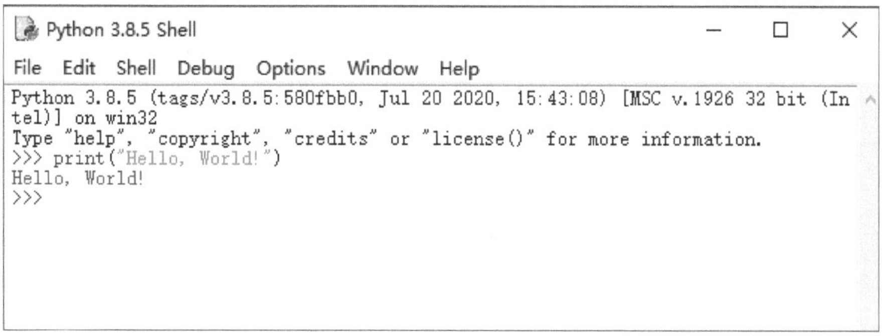

图1.7　输入print("Hello，World!")

说明：注意字符的大小写以及符号的中英文状态（括号和双引号必须是半角的英文字符）。

注意输出的字符串两端是没有引号的，同时前面也没有提示符 >>>，这表示这行内容是软件输出的。这种直接输出指令结果的方式在进行一些测试时非常有用，尤其是在你刚刚学习 Python 的时候。这两个工具是 Python 的解释器，前面我们说过 Python 是一种解释型计算机程序设计语言，就是说我们写的代码要通过解释器解释给计算机，让解释器告诉计算机要进行什么样的处理。解释器有点像我们生活中的翻译，假如我们和一个外国人对话，在双方都没有学过对方语言的情况下是无法正常沟通的，这时候就需要一个翻译，让翻译将我们说的话翻译（解释）给对方。

这个解释器是实时的，我们每写一句代码，解释器都会马上将它翻译过来并反馈给我们执行结果。所不同的是 IDLE 有一些菜单选项，集成了一些工具。本书之后的操作都是在 IDLE 中进行的。

1.4.4 编辑器

这两个工具是一个测试 Python 的好地方，不过却不是编写程序的地方，因为我们在其中输入的任何内容都会马上被处理，并不会被保存下来，而 Python 程序最好是保存在一个文件中，这样在执行相同的操作时就不需要重复输入这些内容了。一个文件可能包含了很多行编程语句，当你运行这个文件时实际上就是运行了所有的这些语句。

在 IDLE 顶端的菜单选项中我们可以创建新文件。对应的操作是菜单栏中选择 "File"，然后单击 "New File"，如图 1.8 所示。

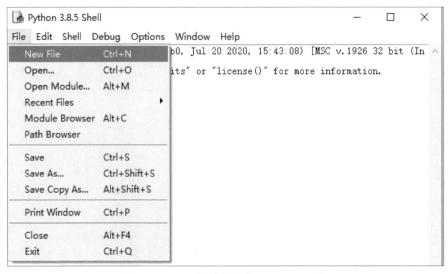

图 1.8 "File" 菜单中的 "New File"

新建文件后会弹出一个空白的窗口（见图 1.9），这是 Python 的编辑器，就是我们编写程序的地方，你可以将它看成一个文本编辑窗口。从本质上来讲，它就是一个文本编辑窗口，只是添加了一些代码提示功能（如颜色提示）。

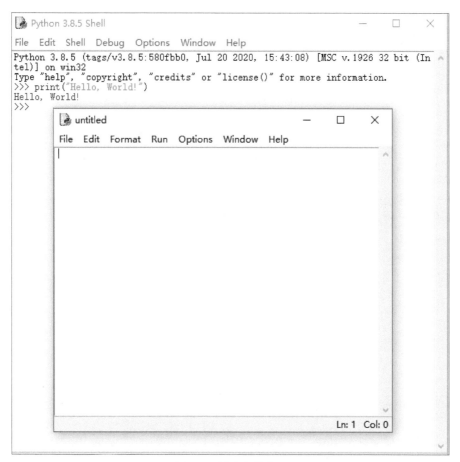

图 1.9　新建文件窗口

在编辑器窗口中输入以下两行代码：

```
print('Hello')
print('World')
```

你会注意到编辑器中没有提示符 >>>。这是因为我们在这里输入的命令不会马上执行；这些内容只是存储在文件里直到我们决定运行它们。如果你愿意，也可以使用记事本或其他文本编辑软件来编写这个文件，不过 IDLE 编辑器和 Python 整合得比较好，它针对 Python 语言的指令在显示的时候会表现出不同的颜色，这样能够在你编写程序的时候起到辅助作用。上面两行代码在编辑器中的显示效果如图 1.10 所示。

图1.10　指令在编辑器中的颜色不一样

　　接下来，我们需要保存这个新建的文件，因为只有保存为.py格式的文件才能够运行。这里我将这个文件命名为hello.py，如图1.11所示。

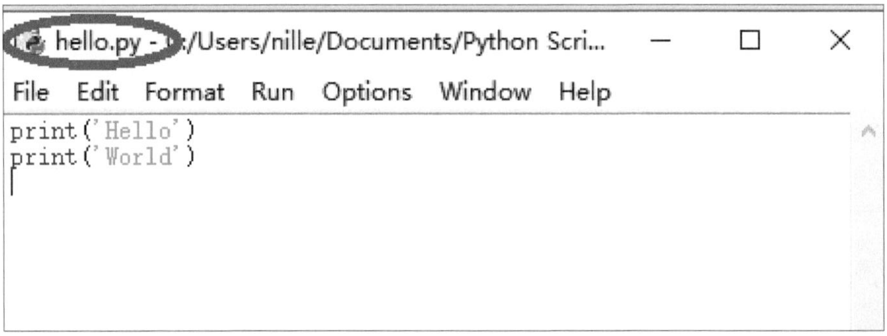

图1.11　保存文件，将其命名为hello.py

　　此时，如果想要运行程序查看运行结果的话，则需要在编辑器的"Run"（运行）菜单中选择"Run Module"（运行模块）或者按下F5键。之后你就会在IDLE中看到程序的运行结果，这里会输出两个单词Hello和World，它们各占一行，如图1.12所示。

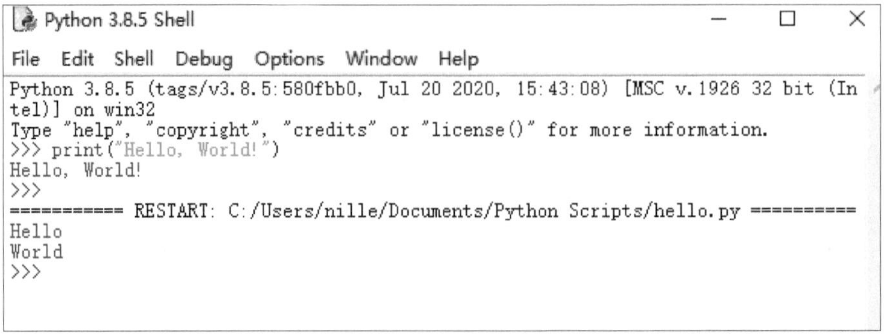

图1.12　程序的运行结果

　　请注意，你在IDLE当中输入的内容不会保存在任何地方；因此，如果你退出IDLE然后重新启动它的话，之前输入的所有内容都会丢失。

练习

在 IDLE 中显示"你好，Python"。

参考答案

实现这个操作的方法有两种，一种是直接在 IDLE 中的 >>> 提示符后面输入代码：

```
print("你好，Python")
```

输入完命令，当按下回车时就会在下面输出"你好，Python"，如图 1.13 所示。

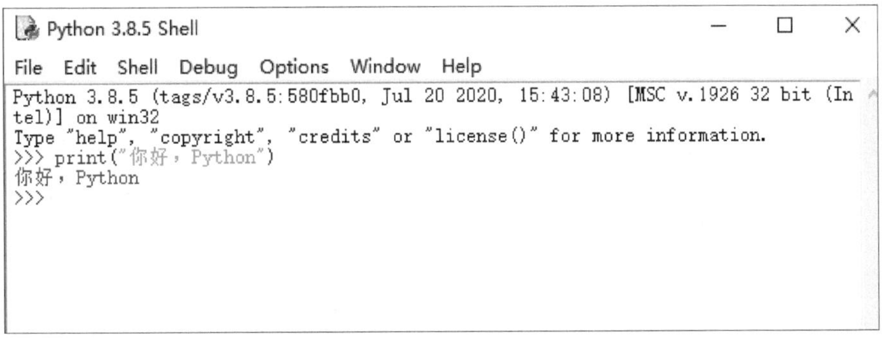

```
Python 3.8.5 Shell                                    —   □   ×
File  Edit  Shell  Debug  Options  Window  Help
Python 3.8.5 (tags/v3.8.5:580fbb0, Jul 20 2020, 15:43:08) [MSC v.1926 32 bit (In
tel)] on win32
Type "help", "copyright", "credits" or "license()" for more information.
>>> print("你好，Python")
你好，Python
>>>
```

图 1.13　输出"你好，Python"

另一种方式是新建一个文件，然后在其中输入代码：

```
print("你好，Python")
```

接着在编辑器的"Run"（运行）菜单中选择"Run Module"（运行模块）运行程序，这样就会在 IDLE 中看到输出"你好，Python"。

说明：之后的内容我们会尽量使用文本的形式，而不是截图的形式。如果是要在 IDLE 中输入的内容，会在前面加上提示符 >>>，而结果将会出现在接下来的一行。

第 2 章　Python 基础

现在我们已经安装好了 Python 的集成开发环境，在本章中来了解一些 Python 的基础内容。

2.1　数字

数字处理是编程的基础，所以本节我们先来进行一些数字操作，而这种操作最好在 IDLE 中进行。

2.1.1　数字计算

让我们从简单的加减法计算开始。在 Python IDLE 的提示符 >>> 之后输入 12+45，回车后你就会在下一行看到结果（57），如下所示。

```
>>> 12 + 45
57
```

说明：注意所有输入均使用半角的字符。在 "+" 号的前后可以添加空格，也可以不添加空格；如果添加空格，一定要用半角的空格。

同样使用 "-" 号还可以进行减法计算，比如输入 78-13，回车后就会在下一行看到结果（65），如下所示。

```
>>> 78 - 13
65
```

乘法和除法类似，不过要注意乘法和除法的符号并不是 "×" 和 "÷"。尝试在提示符 >>> 之后输入以下内容：

```
>>> 45*240/36 + 11
311
```

相比之前加法和减法的例子，这个运算其实也不算复杂，不过，这个例子告诉我们：

■ 乘法运算的符号是 *；

■ 除法运算的符号是 /；

■ Python 执行乘除运算要先于加减运算。

如果你想让某些部分优先运算，最保险的方式就是增加一对圆括号，比如：

```
>>> 47*240/(36 + 11)
240
```

这里使用的数字都是整数（在编程语言中通常称其类型为整型）。而如果我们愿意的话，还可以使用小数，在编程语言当中，这样的数字被称为浮点数，因为数字中有一个浮动的小数点。

2.1.2　Python 的算术运算符

在编程语言中，用于描述计算的符号被称为"运算符"。有些运算符直接使用算术运算符，比如加号"+"、减号"−"等；而有些运算符则使用其他符号。在 Python 中，用于计算的算术运算符如表 2.1 所示。

表 2.1　Python 中使用的算术运算符

运算符	说明	示例	示例结果
+	加法运算	3 + 4	7
−	减法运算	6 − 2	4
*	乘法运算	2 * 4	8
/	除法运算	9 / 2	4.5
//	除法取整	9 // 2	4
%	除法求余	9 % 2	1
**	幂运算	2 ** 3	8

这里要注意有两种除法运算符，使用单斜线的除法运算符"/"会得到一个包括小数部分的结果，而使用双斜线的除法运算符"//"只会得到结果的整数部分。

我们来看看两者的差异。在 IDLE 中输入以下内容：

```
>>> 10 / 3
```

输入之后按下回车键，显示的计算结果为"3.3333333333333335"。

说明：本来，10 除以 3 是无法整除的，计算结果将是"3.333333333333333333333……"这样的无限循环小数。不过，计算机内存是有限的，不可能存储无限位数的小数。因此，它会根据某些规则向上或向下取整。所以在 Python 中，"10/3"的结果显示为"3.3333333333333335"。

接下来，让我们试试双斜线的除法运算符。

```
>>> 10 // 3
```

当按下回车键后，小数部分将被舍掉，显示的结果为"3"。

另外，"%"被称为"求余"运算符，当将某个数除以另一个数时会返回余数。在 IDLE中输入以下内容：

```
>>> 10 % 3
```

当按下回车键后，会显示计算得到的余数"1"，因为 $10 \div 3 = 3$ 余1。

符号"**"是"幂运算"的运算符，表达式"2 ** 3"表示"2的3次方"。计算结果如下。

```
>>> 2 ** 3
8
```

2.2　关键字

Python是一种很纯净的语言，只保留了34个关键字，如表2.2所示。这些关键字是语言的核心，在编写程序时，我们就是通过关键字来构建整个程序的结构和逻辑的。

表2.2　Python中保留的关键字

条件	循环	内置函数	类库与函数	错误处理
if	for	print	class	try
else	in	pass	def	except
elif	while	del	global	finally
not	break		lambda	raise
or	as		nonlocal	assert
and	continue		yield	with
is			import	
True			return	
False			from	
None				

说明：

（1）目前没有必要理解所有关键字的功能与意义（我们之后会根据情况介绍相应的关键字），只需要知道使用这些保留的关键字时要特别小心即可。

（2）注意字母的大小写。

2.3　变量

介绍了数字之后，下面我们来说说变量。

2.3.1　定义并赋值变量

变量可以理解为一个存放东西的盒子，盒子的名称就是变量名，而变量的值就是其中存放的东西。变量的赋值形式上有点像数学中用字符来代替数字。尝试输入以下代码：

```
>>> k = 9.0 / 5
```

这里，等号为"赋值运算符"，表示把一个数值赋给变量，即将某个东西放到盒子当中。变量名必须在左侧而且中间不能有空格；变量名的长度由你决定，甚至可以包含数字以及下划线（_）。不仅如此，变量还可以使用大写和小写字母。这些都是变量命名的规则，除此之外，还有一些约定。约定与规则的区别是如果你不遵守规则，Python 会提示你有错误；而若是你不遵守约定，那么可能会让你的程序的可读性变差，但不影响运行。

2.3.2　变量命名的约定

变量名的约定是它们通常是由表示变量含义的几个单词构成，由于中间不能有空格，所以这些单词是连在一起的，其中第一个单词的第一个字母是小写的，而后面的单词的第一个字母是大写的。这样的命名约定叫作驼峰命名法。除此之外，还有一种命名法是以小写字母开头，中间使用下划线将各个英文单词分隔开，这样的命名约定叫作蛇形命名法。

我们通过表 2.3 中的一些例子来让你感受一下什么是规则，什么是约定。

表 2.3　变量命名

变量名	是否符合规则	是否符合约定
number	是	是
Number	是	否
number_of_blocks	是	是
Number of blocks	否	否
numberOfBlocks	是	是
NumberOfBlocks	是	否
2beOrNot2be	否	否
toBeOrNot2be	是	否

坚持按照约定来命名，这样会让其他的 Python 程序员更容易读懂你的程序，同时你自己也能更好地理解自己的程序。

如果你写了一些连 Python 都不懂的语句，就会得到一个错误提示信息。试着输入以下代码：

```
>>> 2beOrNot2be = 1
SyntaxError: invalid syntax
```

"invalid syntax"的意思是语法错误，这里的错误是因为你尝试定义的变量名是以数字开头的，这是不符合规则的。

回到之前的代码，当我们输入赋值语句之后回车，IDLE中不会有任何显示，好像并没有什么反应，接下来的一行还是以提示符>>>开头，表示等待我们输入信息。这是因为赋值语句执行的操作是将一个数值赋给变量，这个操作并没有输出消息。如果我们想查看变量的值的话，只需要输入k就可以了，如下：

```
>>> k = 9.0/5
>>> k
1.8
```

Python会记得变量k的值，这表示我们可以在其他表达式中使用这个变量。试试输入以下代码：

```
>>> 20 * k + 32
68.0
```

这里再进行运算的时候，我们直接使用了变量k，将其代入到运算当中，最后的结果是68，此处显示68.0表示这是一个浮点数，因为k的值是一个浮点数。

2.4　程序基本结构

Python的运算功能我们就测试到这里，不过程序的运行只依靠计算还不够，还需要有逻辑结构。在程序执行的过程中，有3种基本结构：顺序、选择和循环，所有的程序都可以由这3种基本结构组合而成。某些情况下要根据条件来决定执行哪段代码，这就需要使用选择结构来实现；某些情况下需要不断地重复执行某些代码，这就需要使用循环结构来实现。

2.4.1　if选择

顺序结构很好理解，就是按照代码的顺序一步一步地执行。而对于选择结构和循环结构，我们先来介绍if选择结构（用到了关键字if）。选择的意思就是让Python判断一个条件，只有条件成立的时候才会执行某一段代码。选择结构涉及比较与逻辑运算，这个稍后会介绍，这里先简单地用True和False来表示（True和False也是关键字）。当Python告诉我们True或False，或者我们告诉Python条件是True或False的时候，实际上是在说"真"或者"假"，或是"成立"或"不成立"，这种特殊的值叫作"逻辑值"，跟在if后的任何条件都会被Python转换为逻辑值（当然也可以直接在if后面跟一个逻辑值），以决定是否执行下一行代码。

尝试输入以下代码。

```
>>> if True:
      print("welcome")
welcome
>>> if False:
      print("welcome")
>>>
```

在这个例子中，当输入关键字 if 和 True 后，需要以 "："（半角的冒号）结束，此时当你按下回车键跳到下一行的时候，会发现并没有出现提示符 >>>，而是在等待我们继续输入。之后输入的 if 和 False 也是同样的情况，这就是 if 选择结构的书写形式，说明如下。

```
if 条件表达式：
      满足条件时要执行的代码
      ......
```

我们在 if 选择结构中，首先输入关键字 if，然后输入一个半角空格，之后是 "条件表达式"。在条件表达式后面输入一个半角的冒号（：）并开始一个新行。在新的一行中，开头会有 4 个半角空格的缩进，Python 不使用大括号区分代码的层次，代码的层次主要就是依靠缩进来区分。缩进之后就是 "满足条件表达式时要执行的代码"。这里要执行的代码就是 print("welcome")。

当我们确定 "满足条件表达式时要执行的代码" 完成后要按两下回车键才能够执行。通过操作你会发现，第一个 if 后面跟着 True 时，就会执行后面的代码输出 "welcome"；而在执行到第二个 if 时，由于后面跟的是 False，所以就不会执行后面的代码。

如果在 if 选择结构中当 "条件表达式不成立时" 也有要执行的代码时，可以使用 if…else 结构来实现（else 也是关键字），if…else 选择结构的书写形式如下。

```
if 条件表达式：
      满足条件时要执行的代码
      ......
else：
      不满足条件时要执行的代码
      ......
```

else 表示否则，即条件成立时执行 if 后面的代码块，而不成立的时候执行 else 后面的代码块。尝试输入以下内容：

```
>>> if True:
      print("welcome")
else:
      print("bye bye")
```

```
welcome
>>>
```

这里在输入 else 的时候要注意，当输入 print("welcome") 并按回车键后，光标会在缩进之后的位置，因此在输入 else 之前先要按下 Backspace 键删除掉缩进，然后输入 else 以及后面的冒号。

如果 if 后面的条件是一个变化的状态，那么当条件不成立的时候就会执行 else 中的内容。这样的结构中，同一时间，只可能打印两条信息中的一条。另外 if 结构还有一种变化是 elif（用到了关键字 elif），就是 else if 的缩写，这个我们会通过具体的例子来说明。

2.4.2　比较

在程序中最直观的条件就是测试两个值是否相等，这要用到 ==。该符号被称为比较运算符。我们用表 2.4 来展示一下不同的比较运算符。

表 2.4　比较运算符

比较运算符	说明	示例
==	等于	a==7
!=	不等于	a!=7
>	大于	a>7
<	小于	a<7
>=	大于等于	a>=7
<=	小于等于	a<=7

比较运算的结果是一个 True 或 False 的"逻辑值"，你可以用这些比较运算符在终端中做几个测试，比如：

```
>>> 7 > 3
True
```

这里，相当于我们问 Python："7 比 3 大吗？" Python 回复说："True（是的）"。现在让我们问问 Python："7 比 3 小吗？"

```
>>> 7 < 3
False
```

这次返回的就是 False，如果将比较运算放在上面的代码中，则代码如下：

```
>>> if 7 < 3:
    print("welcome")
```

```
else:
    print("bye bye")
bye bye
>>>
```

这里由于if后面的值是False，所以最后的输出就是"bye bye"。

2.4.3　逻辑运算

True或False的"逻辑值"并不只是能够表示条件是否成立，它们同样也能进行运算，这些逻辑值也可以像之前讲过的加减算术运算一样进行组合。不过True和True相加是没有意义的，"逻辑值"的运算不是加减乘除，而是与、或、非，对应的逻辑运算符是and、or、not。逻辑运算符及对应的含义如表2.5所示。

表2.5　逻辑运算符

逻辑运算符	说明	示例
and	与，即两个条件要同时成立	a > 7 and a < 10
or	或，即两个条件有一个成立即可	a > 7 or a < 3
not	非，即相反的逻辑值	not True

大家可以尝试一下以下操作。

```
>>> True and True
True
>>> True and False
False
>>> True or False
True
>>> not True
False
>>>
```

这里当True和True进行与（and）操作时，返回的结果是True；True和False进行或（or）操作时，返回的结果也是True；而当True和False进行与（and）操作时，返回的结果是False；最后not True返回的结果就是False，同样，not False返回的结果就是True。

对于逻辑运算，我们通常采用真值表的形式来表示。与运算（and）和或运算（or）的真值表如表2.6和表2.7所示。

表 2.6   与运算（and）的真值表

条件1	条件2	结果
True	True	True
True	False	False
False	True	False
False	False	False

表 2.7   或运算（or）的真值表

条件1	条件2	结果
True	True	True
True	False	True
False	True	True
False	False	False

2.4.4   while循环

了解了if选择之后，我们再来看看循环。循环的意思就是让Python能够将一个任务执行一定次数或一直执行，而不是仅仅运行一次。最基本的循环是while循环（用到了关键字while）。其书写形式如下。

```
while 条件表达式：
    条件成立时要重复执行的代码
    ……
```

这个形式和if选择很像，不过这里当"条件表达式成立"时不是只执行一次循环当中的代码，而是会不断重复地执行。通常为了限制循环的次数，我们会在循环中使用变量进行控制。例如，利用while循环实现显示3次"Python"的代码如下。

```
>>> i = 0
>>> while i < 3:
    print("Python")
    i = i + 1
Python
Python
Python
>>>
```

这里能看到输出了3次"Python"。在这段代码中，首先定义了一个变量i，i的初始值为0。接下来输入了while关键字、半角空格、条件表达式和冒号。其中条件表达式为"i < 3"，即如果i小于3就执行循环当中的代码。

最开始的时候，变量 i 的值为 0，因此条件表达式"i <3"的结果是 True，这样就会执行下两行代码：

```
print("Python")
i = i + 1
```

注意这两行代码前面都有缩进。首先执行 print() 函数在界面中显示第一个"Python"，然后执行"i = i + 1"，其功能是将变量 i 的值加 1。当前，i 等于 0，因此加 1 会让 i 的值变为 1。由于在 while 循环中只有这两行代码，所以执行完"i = i + 1"之后，就会回到 while 语句的开头。

返回到开头之后，还是会先判断条件表达式"i <3"。现在 i 的值为 1，所以"i <3"的结果仍是 True。因此，又会执行下面的 print() 函数显示第二个"Python"，然后变量 i 的值会再加 1 变成 2，接着再返回到 while 语句的开头。

接下来程序的执行过程大家应该就知道了。由于条件表达式"i <3"的结果依然为 True，因此将接着执行 print() 函数显示第 3 个"Python"，然后变量 i 的值会变为 3。

之后，当又返回到 while 语句的开头时，条件表达式"i <3"的结果这次变成了 False（此时 i 的值等于 3）。而当条件表达式不成立时，while 循环将停止。此时如何查看 i 的值的话，就会看到变量的值变成了 3。操作如下

```
>>> i
3
```

说明：许多初学者在看到代码"i = i + 1"时，会困惑"为什么 i 和 i + 1 会相等？"，这是因为他们将符号"="理解为表示"等于"的"等号"。代码"i = i + 1"中的"="不是等号，而是"赋值运算符"，即表示"将右边的值赋值给左边的变量"。

使用 while 循环，可以通过一个简单的程序来轻松地计算 1 到 100 或是 1 到 1000 的和。尝试输入以下的内容计算 1 到 100 的和。

```
>>> i = 1
>>> sum = i
>>> while i < 100:
    i = i + 1
    sum = sum + i
>>> print(sum)
5050
>>>
```

能看到当我们输入 print(sum) 时显示的数值为 5050，这就是 1 到 100 的和。在这个程序中，变量 i 的初始值是第一个数字 1。然后在 while 语句的循环中，变量 i 的值会逐渐加 1，

变为2、3、4、5……最终到100时，循环结束。而在循环期间，程序会将i的值一个一个地添加到变量sum当中，因此最终将得到1到100的和。当最后i等于100并回到while循环开头部分的时候，由于条件表达式"i < 100"的结果为False，因此不再执行循环中的代码。

2.4.5 while中的break

在while循环中，可以使用关键字break来强制退出循环。不过，如果执行break语句，循环会立即结束，因此我们通常会将其与if语句结合使用，只有条件表达式成立时才执行break。

在下面的代码中，while循环实现的功能是当变量i的值小于5的时候就显示变量的值。不过while循环中的if选择结构却在i的值等于2的时候执行了break语句，从而结束了while循环。

```
>>> i = 0
>>> while i < 5:
    print(i)
    if i == 2:
        print("程序停止")
        break
    i = i + 1
0
1
2
程序停止
>>>
```

2.4.6 while中的continue

在while循环中，如果想强制跳转到while循环的开头（条件表达式的位置），那么可以使用关键字continue。continue通常也是与if选择结构结合使用的。在下面的代码中，while循环实现的功能是当变量i的值小于5的时候显示变量的值，不过当变量i的值等于3的时候，会先显示"跳过"，然后continue语句会强制跳转到while循环的开头，这样这次循环就不会显示变量i的值了。

```
>>> i = 0
>>> while i < 5:
    i = i + 1
    if i == 3:
        print("跳过")
        continue
```

```
    print(i)
1
2
跳过
4
5
>>>
```

2.4.7　while中的else

和if选择结构类似，while循环也可以结合else来使用。while循环的else对应的一段程序只在循环结束的时候执行一次。在下面的代码中，while循环实现的功能是当变量i的值小于5的时候显示变量的值，然后当结束while循环时会显示"循环结束"。

```
>>> i = 0
>>> while i < 5:
    print(i)
    i = i + 1
else:
    print(" 循环结束 ")
0
1
2
3
4
循环结束
>>>
```

说明：在编写循环程序时，需要注意有可能进入"无限循环"的状态。无限循环是指"不断重复且不会结束的循环"。例如，下面的代码就是一个无限循环。

```
>>> i = 0
>>> while i < 3:
    print("Python")
```

这段代码中，由于没有改变变量i的值，所以while循环的条件表达式"i <3"的结果永远为True，这样就会不断地执行print("Python")。这可能是由于编程者忘写了本应在while循环中的"i = i + 1"。这是一个常见的错误，不过如果不小心进入了这样一个无线循环，应该怎么办呢？

在一个无限循环当中，我们可以强行终止运行程序。强行终止运行程序的方法取决于开发环境，不过在Python的IDLE中可以通过按下"Ctrl+C"组合键来实现。

练习

尝试输出 0 到 10 这 11 个数字, 在输出数字的同时再说明一下这个数字是奇数还是偶数。

参考答案

判断奇数还是偶数可以使用除 2 求余的形式, 当余数为 1 时就是奇数, 当余数为 0 时就是偶数。这个练习题对应的代码如下。

```
>>> i = 0
>>> while i<= 10:
    print(i)
    if i % 2 == 0:
            print("偶数")
    else:
            print("奇数")
    i = i + 1
0
偶数
1
奇数
2
偶数
3
奇数
4
偶数
5
奇数
6
偶数
7
奇数
8
偶数
9
奇数
10
偶数
>>>
```

这里要注意 while 循环的条件表达式为 "i <= 10", 如果是 "i < 10" 的话, 则最后就不会输出数字 10。

第 3 章　字符串、列表和字典

在了解Python的一些基础知识之后，本章会介绍一下各种常用的数据类型。数据类型在编程中是一个重要的概念，Python语言中有很多种数据类型，比如"数字类型"和"字符串类型"，不同的数据类型在使用上也是有差异的。在前面的内容中，我们在不知道数据类型的情况下完成了显示字符以及计算数值的操作；不过在之后编程时，就必须要正确地了解和使用不同的数据类型，否则，程序可能会出错或无法按预期运行。

3.1　字符串

3.1.1　字符串的定义

在编程方面，字符串（String）是程序中的一串字符的组合。变量不但可以保存数字，也可以保存字符串，用变量来保存一个字符串还是使用赋值运算符"="赋值就可以了，不过与赋值数字变量不同的是，赋值字符串时需要将字符串用引号引起来，这就像在print中出现的字符串一样，比如定义一个变量名为bookName的变量：

```
>>> bookName = "Python 人工智能入门 "
```

如果你想看到变量的内容，可以直接输入变量名，也可以像我们处理数字变量一样使用print()函数：

```
>>> bookName
'Python 人工智能入门 '
>>> print(bookName)
Python 人工智能入门
>>>
```

这两种方法输出的结果有一些细微的差别。如果只是输入变量名，Python会在输出的结果两端加上单引号，以表明输出的结果是一段字符串。如果使用print()函数，Python只会输出对应的内容。

说明：在Python中，定义字符串可以使用'（单引号）、"（双引号）或'''（三引号）。三者都是可以的，不过假如字符串当中本来就有单引号，那么定义字符串的时候就只能使用双引号。或者假如字符串当中本来就有双引号，那么定义字符串的时候就只能使用单引号。

3.1.2 "数字"和"数字字符"的区别

了解了字符串的定义之后，本小节来说一下"数字"和"数字字符"之间的区别。"数字字符"是指包含在引号中的数字。当数字被放在引号中之后，我们就不能将其理解为数字了。比如尝试输入以下内容，看看会得到什么结果。

```
>>> '3' + '4'
如果输入的是
>>> 3 + 4
```

则表示两个数字的值相加，其结果为7，不过这里，3和4两边都添加了一个引号，变成了'3'和'4'。这就表示，它们变成了"数字字符"，即"字符串"，而不是数字的值。因此代码'3'+'4'表示的是字符串'3'和字符串'4'相加。不过字符串是无法相加的，所以在Python中"+"运算符表示的是"将字符串连在一起"。这里的输出结果就变成了'34'。

关于"+"运算符，我们不连接数字字符，而是连接一般的字符串看看。

```
>>> '你好' + 'Python'
'你好Python'
>>>
```

正如你看到的，Python中的"数字"和"字符串"是有根本性区别的。在编程中你还需要区分其他不同种类的数据，这就是所谓的"数据类型"。数字属于"数字类型"，字符串属于"字符串类型"。根据数据类型的不同，可用的指令和处理结果也有所不同。

3.1.3 字符串的操作

由于字符串可以看成一串字母的组合，因此使用len()函数可以得到字符串的长度。例如可以通过下面的命令知道字符串中有多少个字符：

```
>>> len(bookName)
12
```

在字符串中，每一个字符都有自己的位置，我们的字符串变量bookName可以理解为表3.1所示的形式。

表3.1　字符串变量

位置	0	1	2	3	4	5	6	7	8	9	10	11
字符	P	y	t	h	o	n	人	工	智	能	入	门

通过下面的命令就能知道特定位置是什么字符：

```
>>> bookName[3]
'h'
```

这里有两点需要强调：首先，字符串变量后面的参数要使用方括号，而不是圆括号；其次，位置是从 0 开始的，而不是从 1 开始的。所以如果你想知道字符串的第一个字母，需要输入以下的代码：

```
>>> bookName[0]
'P'
如果输入的数字太大，超过了字符串的长度，可能会看到以下信息：
>>> bookName[33]
Traceback (most recent call last):
  File "<pyshell#45>", line 1, in <module>
    bookName[33]
IndexError: string index out of range
>>>
```

这是一个错误提示信息，Python 在告诉我们出了一些问题，我们最好仔细阅读这些提示信息，这样在编程时能够更快地解决问题。这里信息中 "string index out of range" 表示字符串的索引值超出了字符串的长度。

你还可以截取一个大字符串中的一部分，如：

```
>>> bookName[0:6]
'Python'
>>>
```

方括号内的第一个数字是截取字符串的起始位置，而第二个数字并不像你想象中的那样代表结尾位置，而是代表结尾的位置加 1，即截取到这个数字 −1 的位置。

接着尝试把"人工智能入门"从字符串中取出来。如果你不指定括号中的第二个数字，那么，默认是字符串的最后。

```
>>> bookName[6:]
'人工智能入门'
>>>
```

同样，如果不指定第一个数字，则默认是 0。

3.1.4　转义字符

在使用 print() 函数时，我们会用到一些具有特殊功能的字符，程序遇到这些字符的时候并不会直接显示，而是会按照定义将它们转换成不同的形式，它们被称为"转义字符"。主要的转义字符如表 3.2 所示。

表 3.2 主要的转义字符

字符	说明
\	忽略\后的换行符（针对需要换行的连续代码）
\\	显示符号\
\'	显示单引号
\"	显示双引号
\a	响铃
\b	退格
\f	分页符（无法在命令提示符下正确显示）
\n	换行
\r	回车
\v	垂直制表（无法在命令提示符下正确显示）
\u××××	对应于16位××××（十六进制）的Unicode字符
\U××××××××	对应于32位××××××××（十六进制）的Unicode字符

最常用的转义字符就是表示换行的"\n"。比如说，如果你在字符串中输入了3次"\n"，那么输出的时候就会出现3次换行，如下所示。

```
>>> print(bookName + "\n\n\n" + "人民邮电出版社")
Python 人工智能入门



人民邮电出版社
>>>
```

注意上面的输出内容中，"Python人工智能入门"与"人民邮电出版社"之间空了两行。第一个"\n"对应的是"Python人工智能入门"这一行换行，而第二个和第三个"\n"对应的是两个空行。

3.2 列表

3.2.1 列表的定义

列表可以看成许多变量的排列，这里的变量值可以是数字，也可以是字符串，甚至可以是另外一个列表。上一节中的字符串也可以理解成一个字符的列表。下面这个例子会告诉我们如何创建一个列表。列表也可以使用len()函数。

```
>>> numbers = [123, 34, 56, 321, 21]
>>> len(numbers)
5
```

定义列表的时候要有方括号，在表示具体的某一个列表中的变量时也要使用方括号，就像在字符串中我们可以用方括号表示字符串中的某个位置的字符一样。和字符串操作类似，我们也可以从一个较大的列表中截取一小部分。

```
>>> numbers[0]
123
>>> numbers[1:3]
[34, 56]
```

另外，你还可以使用等号"="来给列表中的某一项赋新值，比如：

```
>>> numbers[0] = 1
>>> numbers
[1, 34, 56, 321, 21]
```

这样就把列表中的第一个项（0项）从123变成了1。

与处理字符串类似，你还可以用加号"+"把列表组合起来。

```
>>> moreNumbers = [78, 9, 81]
>>> numbers + moreNumbers
[1, 34, 56, 321, 21, 78, 9, 81]
```

3.2.2　列表的方法

对于Python这样的面前对象的编程语言来说，列表也是一个对象，这个对象本身就有一些方法（可以理解为对象的一些函数，不过对于对象来说叫方法。对于Python来说，字符串也是一个对象）。使用对象的方法是在对象名后面加上点运算符，然后再加上对应的方法及参数。

假如想将列表排序，可以使用方法sort，操作如下：

```
>>> numbers.sort()
>>> numbers
[1, 21, 34, 56, 321]
```

想从列表中移除一项，你可以使用pop方法，如下面的代码所示。如果你不指定pop的参数，代码会只移除列表中的最后一项，同时返回它。

```
>>> numbers
[1, 21, 34, 56, 321]
>>> numbers.pop()
321
>>> numbers
[1, 21, 34, 56]
```

如果你在pop的参数中指定一个数，那么这个位置的内容就会被移除，举例说明：

```
>>> numbers
[1, 21, 34, 56]
>>> numbers.pop(1)
21
>>> numbers
[1, 34, 56]
```

同样，你也能在列表的指定位置插入某一项。insert()函数有两个参数，第一个是插入的位置，而第二个参数是插入的内容。

```
>>> numbers
[1, 34, 56]
>>> numbers.insert(1,90)
>>> numbers
[1, 90, 34, 56]
```

列表可以被写成非常复杂的结构，可以包含其他列表，也可以混合不同种类的数据类型——数字、字符串以及逻辑值。以下面的这个列表来说

```
>>> complexList = [123, 'hello', ['otherList',3 , True]]
>>> complexList
[123, 'hello', ['otherList', 3, True]]
```

它的第一项是一个数字，第二项是一个字符串，而第三项是另外一个复杂的列表。如果你想指定第三项中的某一项内容，可以采用操作二维数组的方式，如下：

```
>>> complexList[2][2]
True
```

这里指定了列表complexList中第三项（从0开始计算，所以方括号中是2）的第三项，即最后的那个逻辑值True。

3.2.3 利用循环枚举列表中的内容

列表中元素的位置称为序列号。这个序列号也可以用变量表示，我们借助变量就能够利用循环来枚举列表中的内容。尝试输入以下代码。

```
>>> i = 0
>>> while i < len(number):
    print(number[i])
    i = i + 1

1
90
34
56
>>>
```

这段代码执行后会顺序显示列表中的值。这里使用 i 作为变量来指定列表的序列号。由于序列号从 0 开始，因此在开头将 i 赋值为 0。如果在此状态下执行 while 循环，则条件表达式"i < len(number)"成立，所以将执行 while 循环中的代码。此时代码中的"print(number[i])"可以看成"print(number[0])"，因此将显示列表中的第一个元素的值"1"。

接着"i = i + 1"将变量 i 加 1，然后回到循环开头第二次执行 while 循环中的代码。此时 i 的值变成了 1，因此会显示序列号为 1 的元素的值"90"。类似地，第三次循环 i 的值为 2，因此会显示"34"；第四次循环 i 的值为 3，因此会显示"56"；之后当 i 的值变为 4 时，退出 while 循环，程序结束。

3.2.4　使用 for 循环顺序访问元素

本小节，我将介绍一个能使你的代码更加简洁的循环——for 循环（要用到关键字 for 和 in）。for 循环的书写形式如下。

每次循环，都会按顺序取出对象的元素并将其存储在变量中

```
for 变量, in 对象:          冒号和换行符
    使用对应于变量的代码，该变量是对象中的元素
    ……
```

使用 for 循环能够顺序地将对象的元素存储在一个变量中进行处理。如果用 for 循环实现枚举列表内容的话，则代码如下。

```
>>> for i in number:
    print(i)

1
90
34
56
>>>
```

这段代码非常短。如果要按顺序处理列表的所有元素，则 for 循环比 while 循环更合适。并且所有的操作是和元素数量的增减没有关系的。

不过，while 循环和 for 循环各有各的特点。for 循环的代码写起来可能比较简单，但是如果不是针对所有元素执行相同的操作，而是要根据序列号执行不同的操作或退出循环，可能程序编写起来就比较麻烦了——需要每次都查看当前的序列号。因此要根据实际情况正确地使用 for 循环。

3.3 字典

最开始的时候，当你想访问你的数据时，列表是个很好的选择，不过当有大量的数据需要查询（比如寻找一个特定的条目）时，这种方法就会变得缓慢而低效。这有点像在一本没有索引或目录的书中找一个你想找的片段，你需要阅读整本书才可能找到。

Python 提供了一种称为字典的数据结构。当你想直接找到你感兴趣的内容时，字典提供了一种更有效的方式来访问数据结构。字典是一种通过名字或者关键字引用的数据结构，其键可以是数字、字符串，这种结构类型也称为映射。当使用字典时，你会为想找的值设置一个关键字。每当你想找这个值的时候，使用这个关键字查询就可以了。这有点像变量名和变量的值；不过，在字典中不同的是，关键字和对应的值只有在程序运行时才会被创建。

字典的每个键值对用冒号分隔，每个键值对之间用逗号分隔，整个字典包括在大括号中，我们来看看这个例子：

```
>>> score = {'Penny': 70, 'Amy': 60, 'Nille': 80}
>>> score['Penny']
70
>>> score['Penny'] = 50
>>> score
{'Amy': 60, 'Nille': 80, 'Penny': 50}
>>>
```

这个例子记录了目前每个人的分数。这里人的名字和分数相关联，当我们想检索其中一个人的分数时，在方括号中使用这个名字就可以了，注意这里不像列表中使用的是数字。我们可以使用相同的语法来修改其中的值。

你可能注意到了，当字典被打印的时候，其中的内容不是按照定义时的顺序排列的，字典不会按照定义时的顺序排列。还要注意的是，虽然我们使用字符串作为关键字，用数字作为对应的值，但是关键字可以是字符串、数字或是元组（见下一节），而对应的值也可以是任意内容，包括列表或是另一个字典。

3.4　元组

3.4.1　元组的定义

乍一看，元组很像列表，不过没有方括号。定义和使用元组的形式如下。

```
>>> tuple = 1, 2, 3
>>> tuple
(1, 2, 3)
>>> tuple[0]
1
```

但是，如果我们试着改变元组中的元素，则将会得到一个错误提示信息，就像这样：

```
>>> tuple[0] = 6
Traceback (most recent call last):
  File "<stdin>", line 1, in <module>
TypeError: 'tuple' object does not support item assignment
```

出现错误提示信息的原因是元组是不能修改的。那么，如果元组无法修改的话，通常什么情况下需要使用元组呢？其实元组提供了一个很有效的方式来创建一个内容的临时集合。Python允许你使用元组来进行一些巧妙的操作，比如下面这个小节的内容。

说明：创建元组时还可以加上一对括号，比如像下面这样写，也是可以的。

```
tuple = (1, 2, 3)
```

3.4.2　多重赋值

如果要给变量赋值，你只能用“=”号，如下：

```
a = 1
```

Python还允许你在同一行中用元组中的元素给多个变量赋值，如下：

```
>>> a, b, c = 1, 2, 3
>>> a
1
>>> b
2
>>> c
3
```

3.5　掷骰子

在了解了以上的内容后，本节我们来完成一个掷骰子的代码。

3.5.1　随机数

掷骰子需要用到随机数的概念，由于与随机数相关的模块及函数本身并没有包含在 Python 当中，所以我们需要先将它们导入之后才能使用。导入要用到关键字 import，后面会专门介绍关于模块的内容，现在大家尝试输入以下内容。

```
>>> import random
>>> random.randint(1,6)
5
```

这里的第一行是导入随机数 random 模块及函数，这个操作是没有返回内容的，所以直接出现了提示符 >>> 等待我们输入。而第二行我们使用了 random 模块的函数 randint() 来生成一个随机数（用到了点运算符），这个函数有两个参数，表示随机数的范围，因为通常骰子有6个面，分别用点来表示1～6，所以这里我们随机数的范围是1～6。

上面的代码中生成的随机数是5，将第二行多输入几次，你应该可以看到你能够获得1～6的不同的随机数。

3.5.2　重复掷骰子

下面我们来写一个程序来模拟掷10次骰子。尝试输入以下内容。

```
>>> import random
>>> i = 0
>>> while i < 10:
    randomNumber = random.randint(1,6)
    print(randomNumber)
    i = i + 1
6
5
1
3
2
1
5
5
3
3
>>>
```

这里就能看到获得了1 ~ 6的不同的随机数，每次获得的随机数保存在变量randomNumber中，然后通过print()函数来显示随机数，由于变量randomNumber并没有其他地方使用，所以while循环中的前两行代码是可以合成一个语句的：

```
print(random.randint(1,6))
```

3.5.3　掷两个骰子

为了增加一些变化，我们再增加一个骰子。而每次输出的信息则是两个骰子随机数之和。为此我们新建了一个变量total，用来存放两次骰子的值。

目前的代码开始增多了，为了避免重复地输入代码，我们将这些内容写在编辑区当中。完成后的代码如下。

```
import random
i = 0
while i < 10:
    randomNumber1 = random.randint(1, 6)
    randomNumber2 = random.randint(1, 6)
    total = randomNumber1 + randomNumber2
    print(total)
    i = i + 1
```

对于两个骰子的情况，如果两个骰子掷出的数是一样的，那么这个概率相对而言是比较小的，我们希望程序能够有一个提示，这就需要用到if选择结构，即当两个数一样的时候，输出 "double" 信息。

对应的代码如下（红色部分为新增的内容）。

```
import random
i = 0
while i < 10:
    randomNumber1 = random.randint(1, 6)
    randomNumber2 = random.randint(1, 6)
    total = randomNumber1 + randomNumber2
    print(total)
    if randomNumber1 == randomNumber2:
        print("double")
    i = i + 1
```

这里用if选择结构判断了randomNumber1和randomNumber2这两个值，如果两个值相等的话，则会执行之后的print()函数，输出 "double"；如果两个值不相等的话，则不会输出"double"。代码执行的效果如下。

```
5
10
6
double
9
10
double
9
4
double
10
7
11
>>>
```

3.5.4 大小判断

判断了两个骰子掷出的数是否相等这种情况后，最后我们再来将两个数不相等的情况下的数据的和进行一个大致的划分。我们要实现的功能是，如果两个数的和大于8，那么输出"big"；而如果两个数的和小于等于8，但大于4的话，那么输出"not bad"；最后就是如果两个数的和小于等于4，则输出"small"。

这里要注意，所有的这些判断都是在两个数不相等的情况下进行的，对应的代码如下。

```
import random
i = 0
while i < 10:
    randomNumber1 = random.randint(1, 6)
    randomNumber2 = random.randint(1, 6)
    total = randomNumber1 + randomNumber2
    print(total)
    # 首先判断两个数是不是相等
    if randomNumber1 == randomNumber2:
            print("double")
    else:
            # 如果不相等的话，再判断两个数之和的大小
            if total > 8:

            print("big")
    elif total > 4 and total <=8:
            print("not bad")
```

```
    else:
            print("small")
    i = i + 1
```

这段代码中，有几行我们是以#号开头的，这表明这几行不属于代码，它们只是程序的注释，Python会直接忽视以#号开头的代码行。注释不会影响程序的正常运行，但这样的额外的内容能够增加程序的可读性。在Python中，单行注释以#开头，单独一行或者在代码后面通过#跟上注释均可。

另外，这段代码中我们还用到了关键字elif，通过elif我们实现了一个3分支的选择结构。elif是else if的缩写，它的后面也需要跟一个条件，只有不满足第一个条件并满足第二个条件的情况才会执行其中的内容。所以如果这部分的判断写成以下的样式也是可以的。

```
# 如果不相等的话，再判断两个数之和的大小
if total > 8:
    print("big")
elif total > 4 :
    print("not bad")
else:
    print("small")
```

不过通常我们在程序中还是会按照完整的判断条件来写。第一个条件（if）和第二个条件（elif）都不满足的情况下才会运行else中的内容。

这样，我们这个掷骰子的小程序就算完成了，需要说明的是在if选择结构中可以添加多个elif，以构成有更多分支的选择结构，如果大家感兴趣可以自己尝试一下。

3.6　异常

Python使用异常来标注程序中出错的地方。当你的程序运行时，难免会出现几个错误。常见的问题比如试图访问一个列表或字符串允许范围以外的元素，举例如下。

```
>>> list = [1, 2, 3, 4]
>>> list[4]
Traceback (most recent call last):
  File "<stdin>", line 1, in <module>
IndexError: list index out of range
```

这个问题我们之前见过，这样的错误提示信息能够帮助我们尽快地定位出问题的位置，不过，Python提供了一个错误拦截机制，允许我们用自己的方式处理它们，形式如下。

```
try:
    list = [1, 2, 3, 4]
    list[4]
except IndexError:
    print('something wrong！')
```

当我们将列表的操作放在 try 结构当中时，如果程序没有问题，就会正常运行；如果程序有问题，就会跳到 except IndexError 部分，在这里可以按照我们编写的程序来处理错误信息。比如上面的程序中就是输出"something wrong！"的信息。我们分别尝试正确和错误操作列表的形式，则对应的输出如下所示。

```
>>> list = [1,2,3,4]
>>> try:
        list[3]
except IndexError:
    print('something wrong!')
4
>>> try:
    list[4]
except IndexError:
    print('something wrong!')

something wrong!
>>>
```

在之后的内容中，我们会继续介绍异常的内容，这样你就会学到多种不同的错误捕获机制。

练习

更改掷骰子的程序，这次不限定掷骰子的次数，而是要等到丢出一对6的时候才停止。

参考答案

修改的主要位置就是循环的部分，这里要保证while循环一直运行，那么可以删掉"i = i+1"的部分，或者将关键字while后面的条件表达式直接写为True。然后在循环内通过判断变量randomNumber1和randomNumber2的值利用break跳出循环，对应程序如下。

```python
import random

while True:
    randomNumber1 = random.randint(1, 6)
    randomNumber2 = random.randint(1, 6)
    total = randomNumber1 + randomNumber2
    print(total)

    # 首先判断两个数是不是相等
    if randomNumber1 == randomNumber2:
        print("double")
        if randomNumber1 == 6:
            break
    else:
        # 如果不相等的话，再判断两个数之和的大小
        if total > 8:
            print("big")
        elif total > 4 and total <=8:
            print("not bad")
        else:
            print("small")
```

这个循环的条件被永久设置为True，所以，循环会一直不断地重复，直到遇到break，而这只有等到丢出一对6的时候才会发生。另外还可以直接将判断变量randomNumber1和randomNumber2的部分作为while循环的条件表达式，即只有randomNumber1和randomNumber2都不等于6的时候才继续循环。这种形式对应的代码如下。

```python
import random
randomNumber1 = 0
randomNumber2 = 0
while not (randomNumber1 == 6 and randomNumber2 == 6):
    randomNumber1 = random.randint(1, 6)
```

```
randomNumber2 = random.randint(1, 6)
total = randomNumber1 + randomNumber2
print(total)

# 首先判断两个数是不是相等
if randomNumber1 == randomNumber2:
    print("double")
else:
    # 如果不相等的话，再判断两个数之和的大小
    if total > 8:
        print("big")
    elif total > 4 and total <=8:
        print("not bad")
    else:
        print("small")
```

这里由于变量 randomNumber1 和 randomNumber2 在 while 循环的条件表达式中出现，所以要将这两个变量在 while 循环之前定义。

第 4 章　定义和使用函数

在前 3 章的基础上，本章将深入地介绍什么是函数以及 Python 中的内置函数，接着我们会尝试自定义一个函数，然后结合之前学习的内容完成一个简单的猜词游戏。这是一种玩家通过询问单词中是否包含指定的字母来完成的猜词游戏。在本章的结尾还有一个参考部分，这部分会列出数学、字符串、列表和字典方面所有你需要知道的最有用的内置函数。

4.1　什么是函数

在之前的章节中，我们已经使用了诸如 print 和 len 这样的函数。而之前只是说明了如何使用它们，但是函数是什么呢？本章就来详细地介绍一下函数。

4.1.1　编程中的函数

在数学当中，函数是指两组数据的对应关系或法则。而在编程中，函数是"数据处理的一个单元"，调用函数的时候会通过"参数"接收数据，之后经过一系列处理之后，最后返回一个值。而某些函数没有参数或返回值，或者两者都没有。

到目前为止，我们编写的程序功能都比较单一，都是将所有的操作指令顺序地放在一个位置实现的。不过随着程序不断增大、功能越来越复杂，如果依然采用这种方式写程序，那么整个程序看起来就会比较臃肿，并且这样的程序也难以阅读、维护。

因此，我们通常会把一段非常长的程序按实现的功能和作用划分成较小的"函数"单元。函数具体的代码不在要使用代码的地方，而原本要使用代码的地方只用调用函数就能执行相应的操作。

这样，整个程序的结构将更易于理解，并且程序不易出错。例如，如果你想将计算输入值总和的程序修改为计算输入值平均值的程序，那么只需要更改求和函数即可。而如果你想调整输出的形式，那么就要更改输出函数。

4.1.2　自定义函数

不管任何程序，软件开发中最大的问题就是复杂性管理。优秀的程序员编写的软件都有很强的可读性，易于理解，不需要太多的解释，基本一看就懂。函数就是创建简单易懂的程序的关键，它能够在避免整个程序陷入混乱的前提下轻易地完成程序的修改。

函数可以看成一段执行固定功能的代码的集合。一个我们声明的函数能够在程序中的任何地方调用。函数执行完成后，程序会回到调用函数的位置继续往后执行。

自定义函数的格式如下：

```
def 函数名 ( 参数列表 )：
    执行的代码
    ……
    return 调用函数后返回的值
```

这里需要使用关键字 "def"，还可能会用到关键字 "return"。"def" 是 "define（定义）" 的缩写，之后至少要包含函数名和参数列表的括号，如果有参数就加上参数，参数个数大于 1 的话需要用逗号隔开。第一行必须以冒号结尾。

第二行开始会有一个缩进，表示这是在函数内部，这里就是调用函数时需要执行的代码。函数的最后一行是 return 语句。如果没有返回值，则可以省略以 "return" 开头的 return 语句。

让我们试着编写一个 add() 函数，该函数的功能是返回两个参数的和。第一步是在编辑器中创建一个无参数、无返回值、不执行任何操作的函数，内容如下。然后我们在这个基础上一点一点地添加代码。

```
def add():
    pass
```

这个 add() 函数是一个没有任何操作的函数，不过这里输入了关键字 pass。Python 的函数定义中需要在函数中输入要执行的代码，如果什么也不写，就无法创建函数。因此，这里就输入了代码 pass 以创建函数，pass 的意思就是什么也不做。

第二步，重写 pass 部分，利用 print() 函数来显示一些内容。对应代码如下。

```
def add():
    print('调用了 add 函数')
```

现在可以尝试运行一下程序，不过运行之后什么都不会显示。这是因为仅仅定义函数是不会直接运行的。要执行函数还需要调用它。

调用函数就是要在使用函数的位置写上函数名称和参数列表的括号。我们来实际操作一下，将下面的代码输入编辑器。

```
def add():
    print('调用了 add 函数')
add()
```

以上的代码中开头是 add() 函数的定义，之后调用了定义的 add 函数。当再次运行代码的时候，就会调用 add() 函数，并执行 add() 函数中的 print() 函数输出显示"调用了 add 函数"。如果以上的操作都没什么问题的话，那么说明你已经完成了一个函数的编写，是不是觉得没那么复杂？

4.1.3　函数中的处理

当调用函数时，就会执行函数内的代码。下面让我们编写代码在函数中实现一个加法操作并显示结果，对应代码如下。

```
def add():
    x = 6
    y = 7
    sum = x + y
    print(sum)
add()
```

执行程序之后，会显示结果 13。这说明我们可以通过描述函数要进行的操作来创建一个函数。而函数具体的操作则被隐藏起来了。

4.2　传递数据

在上面的程序中，由于数值是直接写在函数定义中的（"x = 6"和"y = 7"），因此调用这个函数只能显示 6 和 7 的和。如果是这样的话，那我们定义的函数就没有实际的意义了。为了让函数通用性更强，我们需要修改程序实现计算并输出两个参数之和的功能。

4.2.1　将数据传递给函数

如果要在调用函数的时候将数据传递给函数，那么就要在调用时将要传递的数据写在括号内。这个数据称为"实参"。以下就是将数据传递给函数的代码。

```
def add(x , y):
    sum = x + y
    print(sum)
add(6,7)
```

这段程序中，开头就是 add() 函数的定义。为了让 add 函数能够接收数值，必须准备对应数量的变量来接收参数列表中的数据。因此，

```
def add(x , y):
```

中会把变量 x 和 y 放在参数列表中。这样用于接收数据的变量称为"形参"。

运行这段代码依然会显示结果13，不过当我们在调用函数的时候改变"实参"的值就会得到不同的结果。

说明：调用函数输入参数时，一定要注意要按照形参的顺序指定并传递数值。这种按顺序传递的参数称为"位置参数"。

另外，如果使用列表，那么只使用一个形参就能传递多个值。

4.2.2 默认参数

函数会使用准备作为参数的变量（形参）来接收数据。如果调用函数时形参没有对应的实参，那么就会发生"TypeError"的错误。

不过，如果在多数情况下，你传递给参数的都是相同的值，那么还可以给形参设置"默认参数"。这样，当你不传递实参时，函数就可以使用对应的"默认值"。

设置默认值是在设置形参时使用赋值运算符来实现的。例如，如果定义add()函数时有两个形参x和y，同时将y的默认值设为10，则函数定义的第一行应这样写：

```
def add(x, y = 10):
```

下面的代码就是为add()函数设置默认参数并使用默认值进行计算的示例。

```
def add(x, y = 10):
    sum = x + y
    print(sum)
add(6)
```

如果设置了默认参数，则在参数中未传递任何值的情况下将使用该默认值。这里是将默认值10与数值6相加，得到的结果为16。

说明：默认参数不能放在未指定默认值的形参（普通的形参）之前。如果这样定义函数，则会收到"SyntaxError"的错误提示信息。

4.2.3 关键字参数

除了按顺序传递参数外，还可以通过指定关键字（变量名）将数据传递给函数。这样的参数称为"关键字参数"。

关键字参数是通过为变量赋值的形式来将实参传递给函数的。由于形参是由变量名指定的，因此参数的顺序无关紧要。它的优点是能够正确传递参数而无须考虑顺序。

下面的代码是用关键字参数给add()函数传递数据的示例。这里在add函数中，我们添加了显示变量x和变量y所对应数值的代码，这样就可以确认关键字参数正确地传递了数值。

```
def add(x, y):
    print('x 的值为: ')
    print(x)
    print('y 的值为: ')
    print(y)
    print(' ')
        sum = x + y
    print(sum)
add(y = 7, x = 6)
```

运行程序，在 IDLE 中显示的内容为：

```
x 的值为:
6
y 的值为:
7
13
>>>
```

通过这个结果能够看出来虽然在调用函数时参数的顺序颠倒了，但是关键字参数正确地传递了数值。

4.2.4 函数的返回值

这样，add() 函数就可以接收各种数值作为参数了。不过还有一个问题，就是 add() 函数计算的值无法被调用它的程序再次使用。到目前为止，所有程序都以在 add() 函数中显示结果结束。通过 add() 函数得到的和不能用于进一步的计算。

因此本节就来让 add() 函数将这个和返回给调用它的程序。函数要返回一个值的话，要使用关键字 return。尝试按照以下内容修改代码。

```
def add(x, y):
    return x + y
sum = add(6, 7)
print(sum)
print(sum * 10)
```

在上面的程序中，add() 函数只是进行了求和。而要将求和的结果返回给调用函数的位置，需要编写：

```
return x + y
```

变量 sum 会接收函数的返回值。通过这种方式将返回值分配给变量，你就可以自由地对数据进行其他处理，例如像上面的程序中一样将其乘以 10。

4.2.5 多个返回值

在 Python 中，我们可以利用元组让一个函数返回多个值。假设一个函数的功能是获取一个数字的列表之后，返回最大值和最小值，则示例如下：

```
def stats(numbers):
    numbers.sort()
    return (numbers[0], numbers[-1])
list = [5, 45, 12, 1, 78]
min, max = stats(list)
print(min)
print(max)
```

用这个方法寻找最大值和最小值并不是很有效，不过这只是一个简单的例子。我们把列表排序之后获取第一个数字和最后一个数字。注意数字[-1]返回的是最后一个数，因为当你给数组或字符串提供一个负数来索引的时候，Python 会从列表或字符串的最后往前数。因此，位置-1对应最后一个元素，而-2对应倒数第2个元素，以此类推。

在调用函数的时候，可以写两个以逗号分隔的变量来接收这两个返回值。比如上面的

```
min, max = stats(list)
```

这里用逗号分隔变量，同时使用赋值运算符，就能接收两个返回值了。

说明：在 Python 中，我们还可以将函数作为参数传递给函数，而且返回值也可以是函数。让我们来看一下下面的代码。

```
def func1():
    print(' 执行 func1')
def func2(f):
    print(' 执行 func2')
    f()
def func3():
    print(' 执行 func3')
    return func1
func2(func1)
temp = func3()
temp()
```

这段代码定义了3个函数：func1()、func2()和func3()。首先调用func2()函数，不过由于func1()函数作为参数传递给了func2()函数，因此func1()函数在func2()函数中会用 "f（ ）" 调用。然后调用func3()函数，不过func3()函数的返回值是func1()函数。因此，代码是将func1()函数赋值给了变量 "temp"，最后由 "temp()" 调用的函数就是func1()

函数。程序运行后在IDLE中显示的内容如下。

```
执行 func2
执行 func1
执行 func3
执行 func1
>>>
```

4.3　变量的作用域

在编程时，我们会使用变量来临时存储数据。使用变量时通常会给变量赋一个值，这种"将第一个值赋给变量"的操作被称为"变量的初始化"。

例如，可以通过将input()函数的返回值赋值给变量来使用由input()函数输入的字符串。这个过程意味着该变量由input()函数的返回值初始化。那么，在函数定义内初始化变量和在函数定义外初始化变量，两者有什么不同呢？

事实上，当在函数内初始化变量时，该变量仅在初始化的函数中可用。换句话说，变量的有效范围仅在函数内。

变量的有效范围是指可以使用该变量的区域。这个有效范围有时称作用域。根据作用域不同，变量大致可分为局部变量和全局变量。

4.3.1　局部变量

首先来解释一下局部变量。在下面的代码中，变量x在func()函数的定义中被初始化为3。之后，我在func()函数的定义之外尝试调用func()函数，并通过print()函数显示变量x的值。

```
def func():
    x = 3
    print('执行 func 函数')
func()
print(x)
```

这段代码的执行结果如下。

```
执行 func 函数
Traceback (most recent call last):
  File "C:/Users/nille/Documents/Python Scripts/3.1.py", line 6, in <module>
    print(x)
NameError: name 'x' is not defined
>>>
```

这里由于显示了信息"执行 func 函数",因此确定执行了 func() 函数,但是无法显示变量 x 的值。出现"NameError"错误的原因是"变量 x 未定义"。调用 func() 函数已成功,因此变量 x 已经初始化过了。但是,由于无法从函数外部引用 func() 函数内部的变量 x,因此显示变量 x 未定义的错误提示信息。

由此我们知道,在函数中初始化的变量,其有效范围只在函数内,从函数外是无法访问的。这样的变量就称为"局部变量"。

4.3.2 全局变量

接下来,我们在 func() 函数外部初始化变量 x。下面的代码中,在定义 func() 函数之前初始化了变量 x,之后在 func() 函数的内部和外部都使用了这个变量。

```
x = 10
def func():
    print('func 函数内 x 的值为 : ' )
    print(x)
func()
print('func 函数外 x 的值为 : ')
print(x)
```

执行程序后,在 IDLE 中的输出内容如下。

```
func 函数内 x 的值为 :
10
func 函数外 x 的值为 :
10
>>>
```

通过这个显示内容可以看到变量 x 可以在函数内部和外部以相同的方式使用。

这种"在函数外部初始化的变量"称作"全局变量"。

不过有一点要特别注意。在函数中使用全局变量时,只能引用变量的值。下面通过实际的操作来看一下修改变量的值会有什么样的结果。将上面的代码修改如下。

```
x = 10
def func():
    x = 3
    print('func 函数内 x 的值为 : ' )
    print(x)
func()
print('func 函数外 x 的值为 : ')
print(x)
```

执行程序后，在 IDLE 中的输出内容如下。

```
func 函数内 x 的值为 :
3
func 函数外 x 的值为 :
10
>>>
```

通过这个显示内容可以看到在初始化全局变量 x 之后，在 func() 函数中为变量 x 重新赋值不会导致错误。但是，这不会更改全局变量 x 的值。如果在函数中为全局变量赋值，则该变量将在此时作为局部变量重新创建。换句话说，就是创建了一个与全局变量同名的局部变量。因此，即使写的是相同的变量名 x，print() 函数显示的结果也会不同。

如果要使用全局变量而不是创建新的局部变量，那么就要在函数定义中使用关键字 global 声明变量，之后将其作为全局变量进行访问。将上面的代码修改如下。

```
x = 10
def func():
    global x
    x = 3
    print('func 函数内 x 的值为 : ')
    print(x)
func()
print('func 函数外 x 的值为 : ')
print(x)
```

执行程序后，在 IDLE 中的输出内容如下。

```
func 函数内 x 的值为 :
3
func 函数外 x 的值为 :
3
>>>
```

这说明在函数内修改的是全局变量的值。

说明：在 Python 中，还可以在函数内定义函数。这样的函数称为"函数内的函数"或"函数嵌套"。在函数内函数的定义中，内部的函数称为"子函数"，外部的函数称为"父函数"。

注意，可以在父函数中调用子函数，但是不能从父函数外调用子函数。尝试输入以下内容。

```
def parent():
    p = 'parent 的局部变量'
    def child():
        c = 'child 的局部变量'
        print(c)
    print(p)
    child()
parent()
child()
```

执行程序后，在 IDLE 中的输出内容如下。

```
parent 的局部变量
child 的局部变量
Traceback (most recent call last):
  File "C:/Users/nille/Documents/Python Scripts/3.1.py", line 12, in <module>
    child()
NameError: name 'child' is not defined
>>>
```

这里在输出内容的第二行显示了"child 的局部变量"，这说明在父函数中调用了子函数；之后出现了错误，提示"child 未定义"，这说明不能从父函数外调用子函数。

4.4　内置函数

之前使用的 print() 和 len() 这样的函数都是 Python 定义好的函数，像这样预先定义好、可以直接使用的函数称为"内置函数"。在很多编程语言中，常用的函数都是作为内置函数提供的，你只需输入函数名称即可使用它们。

4.4.1　Python 中的内置函数

Python 中的内置函数根据 Python 版本的不同而略有不同。在 3.6 版中，可以使用的内置函数如表 4.1 所示。

表 4.1　Python 3.6 版中可用的内置函数

函数名	功能
abs()	返回参数的绝对值
all()	如果 iterable 对象的所有元素都为真（或为空）则返回 True
any()	如果 iterable 对象的任何元素为真，则返回 True；如果为空，则返回 False
ascii()	返回对象可打印的字符串

函数名	功能
bin()	将整数转换为二进制字符串
bool()	返回参数的布尔值
breakpoint()	调试器的断点
bytearray()	返回参数的字节数组
bytes()	返回参数的 bytes 对象
callable()	如果参数是可调用对象，则返回 True；否则，返回 False
chr()	返回以 Unicode 字符表示的字符串
classmethod()	将方法封装成类的方法
compile()	将参数编译为 AST 对象
complex()	将字符串或数字转换为复数
delattr()	删除指定的属性
dict()	创建一个新字典
dir()	返回对象的属性列表
divmod()	返回整数除法的商和余数
enumerate()	获取列表（数组）的元素和序列号
eval()	将字符串作为表达式并返回表达式的值
exec()	执行语句
filter()	仅提取满足参数条件的元素
float()	从数字或字符串生成浮点数
format()	将参数转换格式表示
frozenset()	返回一个新的 frozenset 对象
getattr()	返回对象的属性值
globals()	以字典形式返回当前的全局变量
hasattr()	如果参数是对象的属性名，则返回 True，否则返回 False
hash()	返回对象的哈希值
help()	启动帮助系统
hex()	用十六进制表示参数
id()	返回对象的 ID
input()	从键盘输入中读取一行，将其转换为字符串并返回
int()	将数字或字符串转换为整数对象
isinstance()	如果参数是指定类型的实例或子类则返回 True，否则返回 False

函数名	功能
issubclass()	如果参数是指定类型的子类则返回 True，否则返回 False
iter()	返回参数的 iterable 对象
len()	返回对象中元素的数量
list()	生成一个列表
locals()	以字典形式更新并返回当前的局部变量
map()	返回适用于所有元素的迭代器
max()	返回两个或多个参数中的最大的元素
memoryview()	返回该对象的 memoryview 对象
min()	返回两个或多个参数中的最小的元素
next()	获取下一个元素
object()	返回一个新对象
oct()	将整数转换为八进制字符串
open()	打开文件并返回文件对象
ord()	返回一个整数，该整数表示单个 Unicode 字符的 Unicode 码
pow()	返回参数的幂值
print()	将参数输出显示
property()	返回属性
range()	生成一个数字对象序列
repr()	返回对象的字符串
reversed()	返回一个反向的 iterator
round()	返回四舍五入的小数
set()	返回一个新的 set 对象
setattr()	将值与属性关联
slice()	返回一个 slice 对象
sorted()	返回一个新的已排序列表
staticmethod()	将方法转换为静态方法
str()	将数字转换为字符串对象
sum()	从左到右对元素求和
super()	将方法交给父类
tuple()	生成元组
type()	返回对象的类型

函数名	功能
vars()	返回模块、类和实例的 __dict__ 属性
zip()	创建一个收集对象元素的 iterator
__import__()	导入模块

说明：想进一步了解内置函数，请参考官方网站的中文文档资料。

在本章的最后，我们还会列出数学、字符串、列表和字典方面常用的内置函数以及模块中的函数。在这里，我们将详细地介绍 input() 函数、range() 函数以及 format() 函数。

4.4.2　input() 函数

本书到目前为止的程序都是直接运行并查看结果，如果我们希望在程序运行时能够通过键盘输入一些信息，那就可以使用 input() 函数，该函数能够获取键盘输入，并将其转换为字符串并返回。函数的参数是输入信息的提示字符串。

这里我们可以稍微修改一下之前 4.2.4 节中的代码。在其中加入 input() 函数，实现计算用键盘输入的两个值的和。对应的代码如下。

```
def add(x, y):
    return x + y
number1 = input("请输入第一个数：")
number2 = input("请输入第二个数：")
sum = add(int(number1), int(number2))
print(sum)
```

这里新建了两个变量 number1 和 number2 来保存用键盘输入的两个数，input() 函数中的提示信息分别为"请输入第一个数："和"请输入第二个数："。当程序运行时，首先显示的信息为

```
请输入第一个数：
```

此时程序在等待键盘输入，当输入一个值并按下回车键后，会出现第二个提示信息（假设输入的第一数是 12）：

```
请输入第一个数：12
请输入第二个数：
```

此时程序又在等待键盘输入，当再输入一个值之后，程序就会计算两个数的和。显示如下（假设输入的第二数是 9）。

```
请输入第一个数：12
```

```
请输入第二个数：9
21
>>>
```

这里要特别说明，由于input()函数返回的是字符串，而我们要计算的是数值，因此要使用int()函数（也是内置函数）将数据转换为整数进行计算。

4.4.3 range()函数

下一个内置函数的示例我们选择range()函数。range()函数能够生成一个数字对象序列，其参数及返回值如表4.2所示。

表4.2 range()函数的参数与返回值

range(start, stop[, step])	
参数	说明
start	起始值（如果未指定，则为0）
stop	结束值（不包含这个值）
step	数字间隔（方括号表示该参数可以省略，如果省略，则为1）
返回值	连续的数字对象

例如，如果要创建"从1开始，间隔为1，递增到4的对象"，则代码为：

```
range(1, 5)
```

这里"起始值"为1，"结束值"为5。 注意，第二个参数为5是因为对象中不包括"结束值"。数字间隔为1递增，所以可以省略。

在提示符后面输入"range(1,5)"并按下回车键执行函数，则会显示"range(1,5)"。这个显示不是指该函数，它的意思是"从1开始，间隔为1，递增到4的对象"。执行range()函数，会显示其创建的对象。如果要显示"range(1,5)"的元素，则需要使用list()函数，如下。

```
>>> range(1,5)
range(1, 5)
>>> list(range(1,5))
[1, 2, 3, 4]
>>>
```

如果要使用print()函数显示元素，则可以使用for语句按顺序提取元素并显示它们，操作如下。

```
>>> for i in range(1,5):
    print(i)
1
2
3
4
>>>
```

这里能看到对象中的元素是 1、2、3、4。

接下来，我们使用 range() 函数的第三个参数"数字间隔"来设置元素之间的增量。例如，创建"从 10 开始，间隔为 5，递增到 30 的对象"，则代码为：

```
range(10, 31, 5)
```

由于第二个参数"结束值"不包含在对象中，因此，如果将第二个参数设置为 30，则 30 将不包含在对象中。所以注意这里要将 30 加 1，将其设为 31 以包括 30。依然使用 for 语句进行确认，操作如下。

```
>>> for i in range(10,31,5):
    print(i)

10
15
20
25
30
>>>
```

另外，第三个参数还可以是负数，这表示生成的数字列表是从大往小排列的，此时要注意第一个参数要比第二个参数大。例如，创建"从 10 开始，间隔为 2，递减到 1 的对象"，这里依然使用 for 语句进行确认，操作如下。

```
>>> for x in range(10, 1, -2):
    print(x)
10
8
6
4
2
>>>
```

4.4.4　format()函数

第三个内置函数的示例选择format()函数，字符串的显示格式就是"format"。例如，货币的显示格式通常是每3位数插入一个英文逗号，例如"1,000"。数字右对齐、标题字符居中等也是字符串的显示格式。

format()函数是用于将字符串设置为某种格式（如果第一个参数不是字符串，将被转换成字符串）的函数。format()函数中指定的参数和返回值说明如表4.3所示。

表4.3　format()函数的参数与返回值

format(value, format_spec)	
参数	说明
value	转换前的值（例如字符串和数字）
format_spec	表示某种具体格式的字符串
返回值	格式化之后的字符串

format()函数的第一个参数指"转换前的值"，第二个参数指"表示某种具体格式的字符串"。在将其作为参数时，由于它是一个字符串，因此要在其两端加上"'"（单引号）。

format()函数中表示某种具体格式的字符串如表4.4所示。

表4.4　format()函数中表示某种具体格式的字符串

具体格式的字符串	对应的格式说明
<	左对齐（大多数的默认值）
>	右对齐
^	居中
=	符号后填充（仅对数字类型有效）
+	在正数前面显示+，在负数前面显示−
−	仅在负数前显示−（默认）
空格	在正数前面显示一个空格，在负数前面显示−
,	使用逗号作为千位分隔符
_	对浮点小数和整数使用下划线作为千位分隔符
s	字符串
b	二进制数
c	将整数转换为相应的Unicode字符
d	十进制数

具体格式的字符串	对应的格式说明
o	八进制数
x	十六进制数（小写表示法）
X	十六进制数（大写表示法）
e	使用 "e" 表示指数的表示法
E	使用 "E" 表示指数的表示法
f	数字定点表示（小写），默认精度为6
F	数字定点表示（大写），默认精度为6
%	将数字乘以 100 并显示为定点格式，后面带一个百分号

现在，我们使用 format() 函数将数字转换为每 3 位数插入一个英文逗号的字符串。例如，要在数字 "100000000" 中插入千位分隔符，可以在 Shell 中输入以下内容。

```
>>> format(100000000, ',')
'100,000,000'
>>>
```

使用 format() 函数可以轻松地将数字转换为二进制数字。将 "b" 作为第二个参数，可以在 Shell 中输入以下内容。

```
>>> format(100000000, 'b')
'101111101011110000100000000'
>>>
```

这样就能将 "100000000" 转换为一个二进制数。

使用 format() 函数还可以指定字符串的对齐方式，右对齐使用符号 ">"，中心对齐使用符号 "^"。在这两种情况下，字符宽度均指符号的右侧。例如，"> 30" 表示 30 个字符宽度的右对齐，"^ 30" 表示 30 个字符宽度的中心对齐。字符宽度是单字节字符的个数。可以尝试在 Shell 中输入以下内容。

```
>>> format('标题','>30')
'                            标题'
>>> format('标题','^30')
'              标题              '
>>>
```

4.4.5　format() 方法

字符串对象都有作为对象函数的 format() 函数，这里称为 "format() 方法"。

使用 format() 方法时，字符串中对应位置的 "{}" 表示 "要替换的字段"。然后，在

format()方法的参数中输入对应的内容，这个内容会变换格式后插入到大括号的位置。要指定格式，就在"："（冒号）之后指定上述表示具体格式的字符串。这里就是将"要替换的字段"写为"{：表示具体格式的字符串}"。

首先，我们只替换字符串而不指定格式。将字符串"金额为××元"的"××"部分替换为数字"1234"，尝试在 Shell 中输入以下内容。

```
>>> '金额为{}元。'.format(1234)
'金额为1234元。'
>>>
```

通过输出能看到数字"1234"已插入到"{}"的位置。

使用 format() 方法指定格式，就将表示具体格式的字符串放在要替换的字段中。例如，将"，"放在"："之后，尝试在终端中输入以下内容。

```
>>> '金额为{:,}元。'.format(1234)
'金额为1,234元。'
>>>
```

这样，以货币格式显示数字，就会插入英文逗号。

接下来，如果要指定小数点之后的显示位数，就在"："之后输入"."（点）并输入一个数字指定显示的位数，最后输入格式字符串"f"或"F"，例如：

```
>>> '显示小数点后两位{:.2f}'.format(1 / 3)
'显示小数点后两位0.33'
>>>
```

1除以3的结果是"0.3333333……"，这样写的话，显示小数点后两位，结果就是"0.33"。

使用"%"指定"{:2.%}"，可以显示%小数点后两位。

说明：这里要注意，format()方法的舍入方法不是单纯的四舍五入，而是被称为"奇进偶舍"的形式。奇进偶舍，又称为四舍六入五成双规则。从统计学的角度，"奇进偶舍"比"四舍五入"更为精确。

奇进偶舍的具体规则为：

如果保留位数的后一位是4，则舍去。

如果保留位数的后一位是6，则进上去。

而如果保留位数的后一位是5的话，就要先再看5之后的一位，如果5的后面还有数，那就要进上去。

而如果5后面没有数了，要再看5的前一位，如果前一位小于3则舍去，如果大于等于3则进上去。

此外，还可以指定字符串的位置。"{:> 30}"表示30个字符宽度的右对齐，而"{:^ 30}"表示30个字符宽度的中心对齐。尝试在终端中输入以下内容。

```
>>> '左对齐:{:<30}'.format(3)
'左对齐:3                             '
>>> '右对齐:{:>30}'.format(3)
'右对齐:                             3'
>>> '中心对齐:{:^30}'.format(3)
'中心对齐:              3              '
>>> '中心对齐:{:^30}'.format(3.33)
'中心对齐:            3.33             '
>>>
```

可以为多个字符宽度的其余部分填充另一个字符，还可以在符号"+""-"之间填充0。这样，就在格式字符串的左侧写入填充字符。尝试在终端中输入以下内容。

```
>>> '右对齐:{:@>30}'.format(3)
'右对齐:@@@@@@@@@@@@@@@@@@@@@@@@@@@@@3'
>>> '右对齐:{:0=+30}'.format(3)
'右对齐:+00000000000000000000000000003'
>>>
```

另外，format()方法可以具有多个参数，这些字符串的参数可以分别插入多个要替换的字段中。在这种情况下，多个参数从左开始编号为0、1、2……因此要使用这个编号来指定要插入的位置。要替换的字段要写为"{编号}"或"{编号:表示具体格式的字符串}"。如果省略编号，则表示按参数的顺序替换。

```
>>> x = 'cat'
>>> y = 'dog'
>>> z = 'pig'
>>>
>>> '{} {} {}'.format(x,y,z)
'cat dog pig'
>>> '{2} {1} {2} {0}'.format(x,y,z)
'pig dog pig cat'
>>>
```

4.5　猜词游戏

4.5.1　游戏规则

学习了以上内容后，本节我们来完成一个猜词游戏。规则是这样的：游戏开始时，程序会先选择一个单词，然后对应单词的字母数画几条短线，由玩家来猜这个词。玩家每次只能猜一个字母，如果猜的字母不包含在单词里，就算失误一次。如果猜的字母包含在单词中，就需要把猜到的字母写在对应的短线上。玩家再猜下一个字母，直到玩家猜对单词或失误为次数达到失误的最大值为止，游戏结束。

4.5.2 创建单词库

首先肯定是新建一个文件，然后在文件中建立一个单词的列表供程序选择，以下是一个建立字符串列表的工作。

```
words = ['chicken', 'dog', 'cat', 'mouse', 'frog']
```

然后我们创建一个函数，随机地选择一个单词，代码如下。

```
import random
words = ['chicken', 'dog', 'cat', 'mouse', 'frog']
def pickWord():
    return random.choice(words)
print(pickWord())
```

多运行几次这个程序，试试看是不是能选择列表里的不同单词。random模块中的choice函数能随机地选出列表中的某一项。

4.5.3 游戏结构

完成了单词库之后，就需要来完善一下游戏的结构了。

由于玩家在猜单词的时候是有次数限制的，所以我们先定义一个新变量guessTimes。这是一个整数变量，我们可以先设置可以猜14次，每猜错一次就会减1。这种变量叫作全局变量，我们在程序的任何地方都可以使用它。

有了新变量，我们还需要写一名为play的函数来控制游戏。根据游戏规则，我们是知道play是做什么的，只是暂时无法写出细节。因此，我们在写play()函数时可以先把一些需要用到的函数写出来，比如getGuess和processGuess，就像刚刚写的pickWord()函数一样，内容如下。

```
def play():
    word = pickWord()
    while True:
        guess = getGuess(word)
        if processGuess(guess, word):
            print('You win!')
            break
```

```
        if guessTimes == 0:
            print('Game over!')
            print('The word was: ' + word)
            break
```

　　猜词游戏首先进行选词操作，然后是一个无限循环，直到单词被猜出（processGuess 返回 True）或是 guessTimes 减少到 0。每次经过循环，游戏都会让玩家猜一次。

　　目前这个程序还不能运行，因为函数 getGuess() 和 processGuess() 还没有实现。但是，我们可以先写一点简单的内容，让我们的 play() 函数先运行起来。这些简单的功能可能会有一些输出的或反馈的信息。我写的内容如下。

```
def getGuess(word):
    return 'a'
def processGuess(guess, word):
    global guessTimes
    guessTimes = guessTimes - 1
    return False
```

　　getGuess 中的内容是模拟玩家一直猜字母 a，而 processGuess 中的内容是一直假设玩家猜错，这样 guessTimes 就会减 1，然后返回 False，也就意味着玩家没猜对。

　　processGuess 中的内容有些复杂，第一行告诉 Python，guessTimes 是一个全局变量。如果没有这一行，Python 会认为它是一个函数里的内部的新变量。然后函数中将 guessTimes 减 1，最后返回 Fales，意味着玩家没猜对。最终，我们会判定玩家是否猜中了单词。

　　此时完成的代码如下。

```
import random
words = ['chicken', 'dog', 'cat', 'mouse', 'frog']
guessTimes = 14
def pickWord():
    return random.choice(words)
def play():
    word = pickWord()
    while True:
        guess = getGuess(word)
        if processGuess(guess, word):
            print('You win!')
            break
        if guessTimes == 0:
            print('Game over!')
```

```
            print('The word was: ' + word)
            break
def getGuess(word):
    return 'a'
def processGuess(guess, word):
    global guessTimes
    guessTimes = guessTimes - 1
    return False
play()
```

如果运行程序的话，你得到的结果应该是下面这样的。

```
Game over!
The word was: chicken
执行完毕
```

此时的情况是因为很快用掉了 14 次猜词的机会，所以 Python 会告诉我们游戏结束了，同时输出正确的答案。

4.5.4　完善函数

现在我们需要做的事情就是尽快完善这个程序，用实际的函数替换之前简单的内容，我们还是从 getGuess() 开始，这个函数要求我们输入一个所猜的字母，然后将这个字母反馈出来供其他函数使用，另外我们希望在这个函数开始的时候会将现在猜词的情况显示出来，同时提示我们还有几次猜词的机会，完成后的内容如下所示：

```
def getGuess(word):
    printWordWithBlanks(word)
    print('Guess Times Remaining: ' + str(guessTimes))
    guess = input(' Guess a letter?')
    return guess
```

这个函数中首先要做的就是用 printWordWithBlanks() 函数告诉玩家当前猜词的状态（比如 "c--c-n"），这是另外一个我们需要完善的程序，然后告诉玩家还有几次机会。注意，因为我们希望在字符串 "Guess Times Remaining:" 之后显示数字（guessTimes），所以这里用 str() 函数将数字变量转换为了字符串类型。

input() 函数会把参数作为提示信息输出，然后返回用户输入的内容。

最后，getGuess() 函数会返回用户输入的内容。

而现在 printWordWithBlanks() 函数只是提示我们之后还要输入一些内容。

```
def printWordWithBlanks(word):
    print('not done yet')
```

此时运行程序，你得到的结果应该是以下的样子。

```
not done yet
Guess Times Remaining: 14
 Guess a letter?c
not done yet
Guess Times Remaining: 13
 Guess a letter?x
not done yet
Guess Times Remaining: 12
 Guess a letter?h
not done yet
Guess Times Remaining: 11
 Guess a letter?a
not done yet
Guess Times Remaining: 10
 Guess a letter?
```

不断猜测，你会看到猜词的次数不断地减少，最后直到你的机会用完后，出现游戏结束的信息。

接下来，我们来完成正确的printWordWithBlanks()函数。这个函数要有像"c--c-n"这样的显示形式，所以它需要知道哪些字母是玩家猜出来的，哪些不是。为了实现这个功能，它需要一个新的全局变量（这次是字符串类型的）来保存所有猜到的字母。每次字符被猜到之后，就要被添加到这个字符串当中。

```
guessedLetters = ""
```

这是printWordWithBlanks()函数本身：

```
def printWordWithBlanks(word):
    displayWord = ""
    for letter in word:
            if guessedLetters.find(letter) > -1:
                # letter found
                displayWord = displayWord + letter
            else:
                # letter not found
                displayWord = displayWord + '-'
    print(displayWord)
```

这个函数的最开始是定义一个空的字符串，然后一步步地检查单词中的每个字母。如果这个字母是玩家已经猜到的字母，就把相应的字母添加到 displayWord；否则，就添加一个连字符（-）。内部函数 find() 用来检查字母是否在 guessedLetters 当中。如果字母不在其中，则 find() 函数返回 -1；否则，返回字母的位置。我们真正关心的是字母是不是存在，所以只需要检查结果是否为 -1。

到目前为止，每次 processGuess() 被调用时都不会发生什么，下面我们可以稍作改动，让它把猜过的字符放到 guessed_letters 当中，修改后的内容如下。

```
def processGuess(guess, word):
    global guessTimes
    global guessedLetters
    guessTimes = guessTimes  - 1
    guessedLetters  = guessedLetters + guess
    return False
```

此时，如果我们运行程序的话，得到的结果应该是以下的样式。

```
---
Guess Times Remaining: 14
 Guess a letter?c
c--
Guess Times Remaining: 13
 Guess a letter?a
ca-
Guess Times Remaining: 12
 Guess a letter?
```

程序开始的时候，会通过符号"-"告诉我们 Python 选中的单词有几个字母，同时会告诉我们还有多少次猜词的机会，然后等待玩家输入猜词的字母。如果猜对的话，对应的提示中就会把这个字母显示出来，而没有猜中的字母依然用符号"-"表示。

现在这个游戏看起来有点像样了。不过，processGuess() 函数还需要完善，目前的程序如果我们继续玩的话会发现，就算我们猜对了所有的字母，游戏依然没有结束，猜词的次数还是会一次一次地减少，最后的结果依然是次数为零，游戏结束。所以 processGuess() 函数需要添加的内容就是判断玩家是否猜对了单词的程序，修改后内容如下。

```
def processGuess(guess, word):
    global guessTimes
    global guessedLetters
    guessTimes = guessTimes  - 1
    guessedLetters  = guessedLetters  + guess
```

```
    for letter in word:
        if guessedLetters.find(letter) == -1:
            return False
    return True
```

　　如果对比之前的函数代码就能发现，修改的部分就是最后返回 False 的部分，之前的代码是不管前面执行的结果如何，都返回 False。而现在我们会用 for 循环判断 Python 所选中的单词中每一个字母是不是都出现在了所猜单词的变量 guessedLetters 中，注意这里没有判断整个单词是不是与某个单词一致，而只是判断了所包含的字母，因为如果所选单词中每一个字母我们都猜到的话，实际上也就猜出了这个单词。此时函数返回 True，游戏提示玩家胜利，游戏结束。

　　这样，整个猜词游戏就完成了。为了方便起见，这里列出整个代码。

```
import random
words = ['chicken', 'dog', 'cat', 'mouse', 'frog']
guessTimes = 14
guessedLetters = ""
def pickWord():
    return random.choice(words)
def play():
    word = pickWord()
    while True:
        guess = getGuess(word)
        if processGuess(guess, word):
            print('You win!')
            break
        if guessTimes == 0:
            print('Game over!')
            print('The word was: ' + word)
            break
def getGuess(word):
    printWordWithBlanks(word)
    print('Guess Times Remaining: ' + str(guessTimes))
    guess = input(' Guess a letter?')
    return guess
def processGuess(guess, word):
    global guessTimes
    global guessedLetters
    guessTimes = guessTimes  - 1
    guessedLetters  = guessedLetters  + guess
    for letter in word:
```

```
        if guessedLetters.find(letter) == -1:
            return False
    return True
def printWordWithBlanks(word):
    displayWord = ""
    for letter in word:
            if guessedLetters.find(letter) > -1:
                # letter found
                displayWord = displayWord + letter
            else:
                # letter not found
                displayWord = displayWord + '-'
    print(displayWord)
play()
```

运行游戏的时候，显示内容应该是以下的形式。

```
-----
Guess Times Remaining: 14
 Guess a letter?f
-----
Guess Times Remaining: 13
 Guess a letter?c
-----
Guess Times Remaining: 12
 Guess a letter?m
m----
Guess Times Remaining: 11
 Guess a letter?o
mo---
Guess Times Remaining: 10
 Guess a letter?u
mou--
Guess Times Remaining: 9
 Guess a letter?s
mous-
Guess Times Remaining: 8
 Guess a letter?e
You win!
>>>
```

这个游戏还有一些局限性。那就是它区分大小写，所以你需要输入小写字母，就像word数组中保存的单词一样。作为练习，你可以尝试着自己解决这些问题。

提示：对于解决大小写的问题，可以试试内部函数lower()。

4.6 函数与方法汇总

本章最后，我们对涉及的函数或方法做了一个汇总，希望能在大家编程时作为参考。

4.6.1 数学

表4.5展示了使用数字时可能用到的一些数学函数。

表4.5 数学函数

函数	描述	示例
abs(x)	返回绝对值（去掉-号）	>>>abs(-12.3) 12.3
bin(x)	转换为二进制数	>>> bin(23) '0b10111'
complex(r,i)	用实数和虚数创建一个复数，用在科学和工程中	>>> complex(2,3) (2+3j)
hex(x)	转换为十六进制数	>>> hex(255) '0xff'
oct(x)	转换为八进制数	>>> oct(9) '0o11'
round(x, n)	将x约到n位小数	>>> round(1.111111, 2) 1.11
pow(x, y)	x的y次幂(或者使用x ** y)	>>> pow(2, 8) 256.0
math.log(x)	自然对数	>>> math.log(10) 2.302585092994046
math.sqrt(x)	平方根	>>> math.sqrt(16) 4.0
math.sin(x)、math.cos(x)、math.tan(x)、math.asin(x)、math.acos(x)、math.atan(x)	三角函数	>>> math.sin(math.pi/ 2) 1.0

4.6.2 字符串

字符串一般被单引号或双引号包裹着。如果你的字符串中本身就有单引号的话，就要使用双引号，比如：

```
s = "Its 6 o'clock"
```

表4.6展示了使用字符串时可能会用到的一些方法。

表4.6 字符串方法

函数	描述	示例
s.capitalize()	首字母大写，剩下的字母小写	>>> 'aBc'.capitalize() 'Abc'
s.center(width)	用空格来填充字符串，使其在指定的宽度内居中。包含一个可选的额外的参数，可用来指定填充的字符	>>> 'abc'.center(10, '-') '---abc----'
s.endswith(str)	如果字符串结尾相等，则返回Ture	>>> 'abcdef'.endswith('def') True
s.find(str)	返回参数字符串的位置。包含一个可选的额外参数，用来指定起始位置和结束位置，限制搜索的范围	>>> 'abcdef'.find('de') 3
s.format(args)	使用有｛｝标记的模块格式化字符串	>>> "Its {0} pm".format('12') "Its 12 pm"
s.isalnum()	如果字符串中所有的字符都是字母或数字就返回True	>>> '123abc'.isalnum() True
s.isalpha()	如果所有的字符都是按字母表排序的就返回True	>>> '123abc'.isalpha() False
s.isspace()	如果字符是空格、制表符或其他空白的字符就返回True	>>> ' \t'.isspace() True
s.ljust(width)	与center()类似，只是字符串位置是左对齐	>>> 'abc'.ljust(10, '-') 'abc-------'
s.lower()	将字符串转换成小写的	>>> 'AbCdE'.lower() 'abcde'
s.replace(old, new)	将字符串中的old全部替换成new	>>> 'hello world'.replace('world','there') 'hello there'
s.split()	返回字符串中所有单词的列表，单词之间以空格分隔。包含一个可选的额外参数，用来指定分隔的字符。行尾符（\n）是常用的选择	>>> 'abc def'.split() ['abc', 'def']
s.splitlines()	按换行符分隔字符串	
s.strip()	去掉字符串两端的空格	>>> ' a b '.strip() 'a b'
s.upper()	与lower()相反，把所有字符大写的	

4.6.3 列表

我们已经看到了大多数列表的方法，表4.7是对它们的一个总结。

表4.7 列表方法

函数	描述	示例

a.append(x)	在列表最后增加一个元素	>>> a = ['a', 'b', 'c']
		>>> a.append('d')
		>>> a
		['a', 'b', 'c', 'd']

a.count(x)	计算某元素出现的次数	>>> a = ['a', 'b', 'a']
		>>> a.count('a')
		2

a.index(x)	返回a中x第一次出现的位置，可选参数能够设置开始或结束的位置	>>> a = ['a', 'b', 'c']
		>>> a.index('b')
		1

a.insert(i, x)	在列表中的i位置插入x	>>> a = ['a', 'c']
		>>> a.insert(1, 'b')
		>>> a
		['a', 'b' , 'c']

a.pop()	返回列表中最后一个元素，同时将其删除。可选参数能让你指定显示和删除的位置	>>> ['a', 'b', 'c']
		>>> a.pop(1)
		'b'
		>>> a
		['a', 'c']

a.remove(x)	删除指定的元素	>>> a = ['a', 'b', 'c']
		>>> a.remove('c')
		>>> a
		['a', 'b']

a.reverse()	逆向列表	>>> a = ['a', 'b', 'c']
		>>> a.reverse()
		>>> a
		['c', 'b', 'a']

a.sort(cmp=None, key=None,reverse =False)	对原列表进行排序。参数说明如下。 Cmp：可选参数，如果指定了该参数，会使用该参数的方法进行排序。 Key：主要是用来进行比较的元素。 Reverse：排序规则。reverse = True为降序，reverse = False为升序（默认）	

4.6.4 字典

表4.8列举了一些字典方面你需要知道的函数。

表4.8　字典函数

函数	描述	示例

del(d[key])	从字典中删除关键字对应的项	>>> d = {'a':1, 'b':2}
		>>> del(d['a'])
		>>> d
		{'b': 2}

key in d	如果字典中d项包含关键字则返回True	>>> d = {'a':1, 'b':2}
		>>> 'a' in d
		True

d.clear()	从字典中删除所有的内容	>>> d = {'a':1, 'b':2}
		>>> d.clear()
		>>> d
		{}

get(key,default)	返回关键字对应的值，如果字典中没有这个关键字则返回default	>>> d = {'a':1, 'b':2}
		>>> d.get('c', 'c')
		'c'

4.6.5 类型转换

当我们想把一个数字转换成字符串，好接在另一个字符串后面的时候，就需要进行类型转换。Python包含了一些类型转换的内部函数，详见表4.9。

表4.9　类型转换函数

函数	描述	示例

float(x)	将x转换成浮点小数	>>> float('12.34')
		12.34
		>>> float(12)
		12.0

int(x)	可选的参数能够指定转换的数学进制	>>> int(12.34)
		12
		>>> int('FF', 16)
		255

list(x)	将x转换为列表，这种方法也是获取字典关键字的好方法	>>> list('abc')
		['a', 'b', 'c']
		>>> d = {'a':1, 'b':2}
		>>> list(d)
		['a', 'b']

str(x)	将x转换为字符串	>>> str(12.34) '12.34'

练习

尝试完成一个猜数字的小程序，实现的功能是每次随机产生一个100以内的数字，然后让玩家猜，每猜一次都会反馈是比那个随机的数字大还是小，最后直到玩家猜出答案结束。

参考答案

（1）像猜词游戏一样，先把游戏的结构写出来。这里在写 play() 函数时还是先把一些需要用到的函数写出来，比如 processGuess()，完成的游戏结构内容如下。

```
def play():
    num = random.randint(1,100)
    while True:
        guess = int(input(' Guess a num(1-100)?') )
        if processGuess(guess, num):
            print('You win!')
            break
```

猜数字游戏首先会随机选择一个数字，然后是一个无限循环，直到数字被猜出，即 processGuess() 返回 True。每次经过循环，游戏都会让玩家猜一次。这里我们用了 int() 函数将玩家的输入转换成为整型的数据。

（2）完善 processGuess() 函数。该函数主要就是判断猜的数据与随机产生的数据是否相同，对应内容如下。

```
def processGuess(guess, number):
    if guess == number:
        return True
    elif guess > number:
        print('big')
    else:
        print('small')
    return False
```

游戏中，如果猜的数比随机产生的数大，则显示 "big"；如果猜的数比随机产生的数小，则显示 "small"。

（3）运行程序，显示内容如下所示。

```
Guess a num(1-100)?50
small
```

```
Guess a num(1-100)?70
small
Guess a num(1-100)?80
big
Guess a num(1-100)?75
small
Guess a num(1-100)?77
big
Guess a num(1-100)?76
You win!
>>>
```

整个程序如下。

```
import random
def play():
    num = random.randint(1,100)
    while True:
        guess = int(input('Guess a num(1-100)?') )
        if processGuess(guess, num):
            print('You win!')
            break
def processGuess(guess, number):
    if guess == number:
        return True
    elif guess > number:
        print('big')
    else:
        print('small')
    return False
play()
```

第 5 章　模块与类

了解了 Python 中函数的内容之后，本章我们会先来介绍 Python 中的模块与类，接着讨论如何制作并使用自己的模块，然后还会讨论如何在程序中构建类，这有助于在复杂的程序中进行检查，让程序更易于管理。

5.1　模块

5.1.1　Python 中的模块

对于 Python 来说，模块（Module）是指多个函数（以及对象）的集合，可以重复使用。这样可以方便自己或其他人将其应用在不同的项目中。模块也可以称为库。Python 的库是参考其他编程语言的说法，本书之后的内容统一称其为模块。

在 Python 中创建这种函数的集合非常容易和简洁。本质上来说，任何 Python 代码文件都可以当作同名的模块来使用。不过，在开始写自己的模块之前，让我们来看看如何使用 Python 中已安装的模块以及第三方提供的模块。

5.1.2　使用 random 模块

前面章节中已经使用过了 random 模块，现在我们还是基于 random 模块来介绍一下 Python 中模块的使用。之前使用 random 模块的代码如下。

```
>>> import random
>>> random.randint(1, 6)
5
```

这里首先要通过使用 import 命令来告诉 Python 我们想使用 random 模块。在安装的 Python 中有一个叫作 random.py 的文件，其中包含了 randint() 和 choice() 等函数。

这么多可用的模块，模块当中肯定有同名的函数，Python 如何知道使用的是哪一个模块中的函数呢？对于这种情况，Python 会要求我们在函数之前加上模块的名字，并将两者用一个点连接起来。如果没有在函数之前使用模块的名字并加上一个点的话，所有函数都是无效的。我们可以试着像这样删掉模块的名字：

```
>>> import random
```

```
>>> randint(1, 6)
Traceback (most recent call last):
  File "<stdin>", line 1, in <module>
NameError: name 'randint' is not defined
```

删掉模块的名字之后，就会提示我们没有找到对应的函数。有这样的机制就不存在不知道应用哪个模块中的函数的问题了，不过，要是在每一次使用函数前都加上模块的名字和一个点的话，那就太麻烦了。幸运的是，我们可以通过在import命令后添加一点内容来让这件事简单一点。

```
>>> import random as r
>>> r.randint(1,6)
2
```

在上面的代码中，我们通过关键字as给使用的模块起了一个缩写的名字，即用r代替了random，这样我们在程序中输入r的时候，Python就知道我们写的是random了，由此我们在输入程序时就能够少输入一些内容了。

如果你确定使用的模块中的函数不会与你的程序有任何冲突，那么可以再进一步，如下：

```
>>> from random import randint
>>> randint(1, 6)
5
```

说明：如果想同时导入多个函数，可以用"，"（逗号）分隔指定的函数。

这样，在使用对应的函数的时候就不用再输入模块的名字了。更深入的话，你可以一次性从模块中导入所有函数，除非你确定模块中都包含了什么函数，否则，一般不建议你这样操作，不过这里还是要说一下如何实现。

```
>>> from random import *
>>> randint(1, 6)
2
```

这里，*表示所有的函数。

5.1.3 自定义模块

在Python中自定义模块，只需要将创建的函数保存在单独的文件中，然后在需要时将其导入即可。下面我们就来自己定义一个简单的模块。

之前我们编写的Python程序，都是在编辑器中输入了代码，然后保存为扩展名是".py"的文件。实际上，创建模块的方法基本相同。下面新建一个文件并输入以下代码，然后将其保存为文件名为 my_module.py 的文件。

```
def add(x, y):
    return x + y
def multi(x, y):
    return x * y
```

接着创建一个新的文件并导入这个模块。新的文件要与 my_module.py 保存在同一个目录下。

```
import my_module
x = int(input(' 输入第一个整数: '))
y = int(input(' 输入第二个整数: '))
print(my_module.add(x, y))
print(my_module.multi(x, y))
```

保存文件后执行。用键盘输入两个数字之后，会依次显示两个数字相加的结果和相乘的结果，如下所示。

```
输入第一个整数: 4
输入第二个整数: 9
13
36
>>>
```

就像这样，在使用之前导入模块，就可以使用模块中的函数了。

5.2　面向对象

在介绍更多使用模块的示例之前，我们先来讲讲"面向对象"的概念。

面向对象是最有效的软件编写方式之一。在面向对象的编程中，你要编写一个抽象化事物的类，并基于类来创建对象，而每个对象都具有类的相同属性和方法。类与模块有很多共同点，它们都将相关的内容整合成一个组，从而方便管理和查找。就像名字中描述的，面向对象是关于对象的。我们已经无形中用过对象很多次了，比如，字符串就是一个对象，因此，当我们输入：

```
>>> 'abc'.upper()
```

这行代码要告诉字符串 'abc' 我们想把它全部变为大写的，在面向对象中，abc 是一个内部 str 类的实例，而 upper 是 str 类中的一个方法。

事实上，我们可以通过 __class__ 方法知道一个对象属于哪个类，如下所示（注意单词

class 前后是双下划线）。

```
>>> 'abc'.__class__
<class 'str'>
>>> [1].__class__
<class 'list'>
>>> 12.34.__class__
<class 'float'>
```

5.2.1 定义类

大致了解了类的定义之后，下面让我们定义一些自己的类。本节将创建一个能够通过缩放因子换算单位的类。

我们将给这个类起一个贴切的名字 ScaleConverter，以下是这个类的全部代码，以及额外的几行测试代码。

```
class ScaleConverter:
    def __init__(self, units_from, units_to, factor):
        self.units_from = units_from
        self.units_to = units_to
        self.factor = factor

    def description(self):
        return 'Convert ' + self.units_from + ' to ' + self.units_to
    def convert(self, value):
        return value * self.factor
c1 = ScaleConverter('inches', 'mm', 25)
print(c1.description())
print('converting 2 inches')
print(str(c1.convert(2)) + c1.units_to)
```

这里需要简单解释一下，第一行是比较容易理解的：它指出了我们准备开始定义一个叫作 ScaleConverter 的类。最后的冒号（:）表示后面缩进的都是类的定义部分，直到缩进再次回到最左边。

在 ScaleConverter 类中，我们能够看到有 3 个函数定义。这些函数都属于这个类，除非通过类的实例化对象，否则这些函数是不能使用的。这种属于类的函数叫作方法。

第一个方法 __init__ 看起来有点奇怪，它的名字两端各有两条下划线。当 Python 创建一个类的新实例化对象时，会自动执行这个 __init__ 方法。__init__ 中参数的数量取决于这个类实例化的时候需要提供多少个参数。关于这方面，我们需要看一下文件结尾处的这一行：

```
c1 = ScaleConverter('inches', 'mm', 25)
```

这一行创建了一个ScaleConverter的实例化对象，指定了要将什么单位转换成什么单位，以及转换的缩放因子。__init__方法必须包含所有参数，不过它必须把self作为第一个参数。

```
def __init__(self, units_from, units_to, factor):
```

参数self指的是对象本身。现在让我们看看__init__方法中的内容，如下。

```
self.units_from = units_from
self.units_to = units_to
self.factor = factor
```

其中每一句都会创建一个属于对象的变量，这些变量的初始值都是通过参数传递到__init__内部的。

总体来说，当我们输入如下内容创建一个ScaleConverter的新对象时，Python会实例化ScaleConverter，同时将'inches' 'mm'和25赋值给3个变量：self.units_from、self.units_to和self.factor。

```
c1 = ScaleConverter('inches', 'mm', 25)
```

当讨论类的时候常会使用"封装"这个词。类的主要工作就是把与类相关的一切封装起来，这包含存储数据（比如这3个变量）以及 description、convert这样的对数据的操作方法。

第一个description会获取转换的单位并创建一个字符串来表述这个转换。像__init__一样，所有的方法必须把self作为第一个参数。这个方法可能需要访问属于类的数据。

上面的程序中最后3行测试代码，会输出对象的描述并进行一次不同单位间数值的转换。convert方法有两个参数：必需的self参数和叫作value的参数。这个方法只是简单地返回value乘以self.faxtor的数值。对应程序的输出为：

```
Convert inches to mm
converting 2 inches
50mm
```

5.2.2　类的继承

ScaleConverter类对于长度这样单位转换是适合的，但是，对于像摄氏度（℃）到华氏度（℉）这样的温度转换就不适用了。公式 T_1 ℉ =（T_2×1.8+32）℃说明这里除了需要缩放因子（1.8）之外，还需要一个偏移量（32）。

让我们创建一个叫作 ScaleAndOffsetConverter 的类，这个类很像 ScaleConverter，只是除了 factor 之外还需要 offset。有一种简单的方法是复制整个 ScaleConverter 的代码，然后稍作修改，增加一个外部的变量即可。修改之后的代码如下。

```
class ScaleAndOffsetConverter:
     def __init__(self, units_from, units_to, factor, offset):
          self.units_from = units_from
          self.units_to = units_to
          self.factor = factor
          self.offset = offset
     def description(self):
          return 'Convert ' + self.units_from + ' to ' + self.units_to
     def convert(self, value):
          return value * self.factor + self.offset
c2 = ScaleAndOffsetConverter('C', 'F', 1.8, 32)
print(c2.description())
print('converting 20C')
print(str(c2.convert(20)) + c2.units_to)
```

假如我们希望在程序中包含这两个换算器，那么这个笨方法是可行的。之所以说这是笨方法，是因为其中有重复的代码。description 方法是完全一样的，__init__ 也差不多一样。而另外一种更好的方式叫作"继承"。

类的继承意味着当你想针对已存在的类再创建一个新的类的时候，将会继承父类的所有方法和变量，而你只需要增加新增或重写不同的部分即可。

以下是使用继承来实现的 ScaleAndOffsetConverter 类的定义。

```
class ScaleAndOffsetConverter(ScaleConverter):
     def __init__(self, units_from, units_to, factor, offset):
          ScaleConverter.__init__(self, units_from, units_to, factor)
          self.offset = offset
     def convert(self, value):
          return value * self.factor + self.offset
```

首先要注意在类的定义中，ScaleAndOffsetConverter 之后的括号中是 ScaleConverter，这是告诉你如何区分类中的父类。

ScaleConverter 子类中的 __init__ 方法会先调用 ScaleConverter 中的 __init__ 方法，然后才定义新变量 offset。而 Convert 方法将会覆盖父类中的 convert 方法，因为我们需要给这种换算器增加一个偏移量。

5.2.3　自定义包含类的模块

前面介绍过，任何Python代码的文件都可以当作同名的模块来使用。上面这个换算小程序很简单，我们将这两个类放在一个单独文件中，这样就能在其他程序中使用了。这里将这个文件保存为converters.py。在这个文件中可以删掉最后部分的测试代码并保存。

这样一个包含类的模块就完成了。要使用模块时，只要使用import导入文件即可。可以尝试在Shell中输入以下内容来测试一下。

```
>>> import converters
>>> c1 = converters.ScaleConverter('inches', 'mm', 25)
>>> print(c1.description())
Convert inches to mm
>>> print('converting 2 inches')
converting 2 inches
>>> print(str(c1.convert(2)) + c1.units_to)
50mm
>>> c2 = ScaleAndOffsetConverter('C', 'F', 1.8, 32)
>>> print(c2.description())
Convert C to F
>>> print('converting 20C')
converting 20C
>>> print(str(c2.convert(20)) + c2.units_to)
68.0F
```

5.2.4　Python标准模块

我们已经使用了random模块，不过在Python中还包含了很多其他基本模块。这些模块常被称为Python的标准模块。整个模块的清单中包含了很多函数，你可以在Python官网中找到Python模块的完整清单。以下是几个常用的模块。

- string：字符串工具。
- datetime：用来操作日期和时间。
- math：数学函数（sin、cos等）。
- pickle：用来存储和恢复文件的数据结构。
- urllib.request：读取网页。
- tkinter：创建图形化用户界面。

本节再通过一个操作日期和时间的模块datetime来学习一下模块的操作。

datetime模块由多个对象组成，包括处理日期的"date对象"、处理时间的"time对象"、计算日期差的"timedelta对象"等。

● date对象

date对象是处理年、月、日的对象，具有表5.1所示的属性和方法。

表5.1　date对象的属性和方法

名称	说明
year、month、day	对象保存的年、月、日的值。year是1～9999的值。month是1～12的值。day是从1到当月最后一天的值
date(year, month, day)	将表示年、月、日的整数作为参数，生成date对象
today()	返回当前本地日期的date对象
strftime(format)	如果在format中指定格式字符串，则返回根据具体格式表示的日期字符串
weekday()	将星期一作为0，星期日作为6，返回代表星期的整数

让我们获取一个date对象并测试一下上表中的方法。年、月、日的值保存在date对象的year属性、month属性、day属性中。在编辑器中输入以下内容。

```
from datetime import date
week = ['一', '二', '三', '四', '五', '六', '日']
sample_today = date.today()
print('{}年'.format(sample_today.year))
print('{}月'.format(sample_today.month))
print('{}日'.format(sample_today.day))
# 用strftime方法指定格式来显示"今天"的日期
print(sample_today.strftime('%Y/%m/%d'))
# 用weekday方法查一下今天是星期几，然后从列表"week"中获取对应的文字来显示
print('今天是星期{}'.format(week[sample_today. weekday()]))
```

程序运行后在Shell中输出的内容为：

```
2020年
8月
19日
2020/08/19
今天是星期三
>>>
```

这里使用format方法将字符串与通过date对象的各种方法获得的值串在一起显示。

● time对象

time对象是处理时间的对象，具有表5.2所示的属性和方法。

表5.2　time对象的属性和方法

名称	说明
hour、minute、second、microsecond、tzinfo	对象保存的时、分、秒、微秒、时区的值，范围如下： 0 <= hour < 24 0 <= minute < 60 0 <= second < 60 0 <= microsecond < 1000000
time(hour=0, minute=0, second=0, microsecond=0, tzinfo=None)	将时、分、秒作为参数，生成time对象，也可以设置微秒和时区
strftime(format)	如果在format中指定格式字符串，则返回根据具体格式表示的时间字符串

在编辑器中输入以下内容。

```
from datetime import time
# 创建一个时间为 7 点 30 分 45 秒的 time 对象
sample_time = time(7, 30, 45)
print('{}点{}分{}秒'.format(
sample_time.hour,
sample_time.minute,
sample_time.second))
print(sample_time.strftime('%H:%M:%S'))
```

时间的数据保存在各个属性当中。这里使用strftime方法指定了时间的显示格式，然后将时间作为字符串输出出来。程序运行后在Shell中输出的内容为：

```
7点30分45秒
07:30:45
>>>
```

这里生成了时间为7点30分45秒的time对象，同时显示了时间信息。

说明：在Python中，如果一行代码太长，可以在行尾输入反斜线符号（\），这样则视作代码在下一行继续。另外，在{　}、（　)、[　]中以英文逗号（,）划分的部分，即使没有反斜杠也表示下一行继续。上面程序中的以下语句就是这样，这段代码相当于在一行的一个语句。

```
print('{}点{}分{}秒'.format(
sample_time.hour,
sample_time.minute,
sample_time.second))
```

● timedelta对象

timedelta对象是计算两个date、time、datetime对象之间的时间差的对象。创建timedalta对象的函数如表5.3所示。

表5.3 创建timedelta对象的函数

名称	说明
timedelta(days=0, seconds=0, microseconds=0, milliseconds=0, minutes=0, hours=0, weeks=0)	生成表示指定"经过时间"的timedelta对象。参数为经过时间的日、秒、微秒、毫秒、分、时、周。可以省略所有参数，参数默认值为0。参数可以是整数，也可以是浮点小数，正负均可计算

例如，要查一下2020年10月1日的200天后是什么日期。可以首先使用date对象生成一个日期为2020年10月1日的date对象。然后生成一个200天的timedelta对象并加到之前的date对象上。尝试在编辑器输入以下内容。

```
from datetime import date
from datetime import timedelta
sample_date = date(2020,10,1)
sample_timedelta = timedelta(days = 200)
#2020 年 10 月 1 日后加 200 天
later = sample_date + sample_timedelta
print('2020 年 10 月 1 日的 200 天后是 {} 年 {} 月 {} 日 '.format(later.year, later.
month, later.day))
new_year = date(2021, 1, 1)
diff = new_year - sample_date
print('2020 年 10 月 1 日到 2021 年 1 月 1 日有 {} 天 '.format(diff.days))
```

不过，如果想查一下2020年10月1日到2021年1月1日的天数，则不用生成timedelta对象，只需要简单地用日期为2021年1月1日的date对象减去日期为2020年5月1日的date对象即可。在上面代码的最后，我们通过date对象之间的减法计算了相差的天数。

程序运行后在Shell中输出的内容为：

```
2020 年 10 月 1 日的 200 天后是 2021 年 4 月 19 日
2020 年 10 月 1 日到 2021 年 1 月 1 日有 92 天
>>>
```

5.3　文件

使用类能够让我们的代码更加优化，不过当你的 Python 程序结束时，任何变量中的数值都会丢失。而文件提供了一种永久保存数据的方法。Python 会让你的程序非常方便地使用文件以及连接网络。你能够通过程序从文件中读取数据，往文件中写数据，还能从网络获取内容，甚至可以查看电子邮件。

5.3.1　读取文件

用 Python 读取文件内容非常容易。举个例子，我们可以修改一下第 4 章中的猜词游戏，将程序中固定的单词列表变为从文件中读取单词列表。

首先，在 IDLE 中打开一个新文件并输入一些单词，每个单词一行。然后将文件保存为 guessWord.txt，注意这个文件要放在游戏程序相同目录下。同时要注意在保存对话框中要将文件类型变为 .txt，如图 5.1 所示。

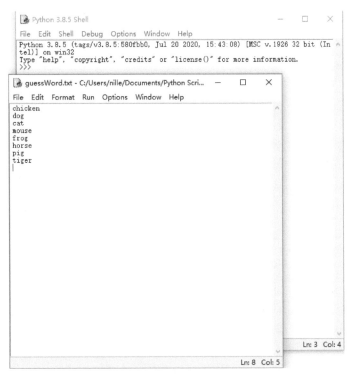

图 5.1　将单词列表保存为 guessWord.txt

在修改猜词游戏程序之前，我们先尝试在 Python IDLE 中读取这个文件。在 Shell 中输入如下内容。

```
>>> f = open('guessWord.txt')
```

接下来输入以下内容。

```
>>> words = f.read()
>>> words
'chicken\ndog\ncat\nmouse\nfrog\nhorse\npig\ntiger\n'
>>> words.splitlines()
['chicken', 'dog', 'cat', 'mouse', 'frog', 'horse', 'pig', 'tiger']
>>>
```

注意上面当我们直接输出变量words的时候，所有的单词都是通过换行符\n连在一起的，后面我们又通过splitlines()函数将这些内容分割成了一个单词的列表。此时你就已经完成了文件的读取，是不是感觉很容易？我们要做的就是把文件添加到猜词游戏的程序中，将这下面这一行：

```
words = ['chicken', 'dog', 'cat', 'mouse', 'frog']
```

替换为：

```
f = open('guessWord.txt')
words = f.read().splitlines()
f.close()
```

f.close()这一行是需要添加的，当你操作完文件，将资源释放给操作系统的时候，应该常会调用close命令。一直打开一个文件可能会出现问题。

这样，猜词游戏的程序中就没有了单词列表，我们要猜的所有单词都存在了文件guessWord当中，如果我们希望替换所猜的单词，只需要修改这个txt文件就可以了。不过这个程序没有检查读取的文件是否存在，所以，如果文件不存在的话，我们会得到一个像这样的错误提示信息：

```
Traceback (most recent call last):
  File "hello.py", line 4, in <module>
    f = open('guessWord.txt')
IOError: [Errno 2] No such file or directory: 'guessWord.txt'
```

为了让使用者感觉友好一些，我们最好把读取文件的代码放在try当中，如下。

```
try:
        f = open('guessWord.txt')
        words = f.read().splitlines()
        f.close()
except IOError:
        print("Cannot find file 'guessWord.txt'")
        exit()
```

这样，Python 就会尝试这打开文件，不过如果文件丢失的话，就无法打开文件了，因此，except 部分的程序就会运行，会出现一个友好的提示信息告诉玩家没有找到文件。因为如果没有单词列表来猜的话，我们什么也干不了，也就没什么需要继续的了，所以使用 exit 命令来退出程序。

5.3.2　读取大文件

上一节中，读取只包含几个单词的小文件是没有问题了，不过，如果我们要读取一个很大的文件（比如几 MB 的文件）时，就将会有两件事发生：第一，Python 会花费大量的时间读取所有的数据；第二，因为一次性读入所有的数据，会占用至少文件大小的内存，如果是特别大的文件，可能会造成内存耗尽。

如果你发现自己正在读取一个大文件，那就需要考虑一下如何处理它了。比如，如果你要在文件中查找一段特殊的字符串，那么可以每次只读一行，就像这样：

```
try:
        f = open('guessWord.txt')
        line = f.readline()
        while line != '':
                if line == 'tiger\n':
                        print('There is an tiger in the file')
                        break
                line = f.readline()
        f.close()
except IOError:
        print("Cannot find file  'guessWord.txt'" )
```

当 readline() 函数读到文件的最后一行时，将返回一个空字符串 ('')，否则将返回这一行的内容，包括行尾符 (\n)。如果它读到的是两行之间的空行而不是文件的最后，那么将只返回一个行尾符(\n)。程序一次只读一行的话，那么只占用保存一行数据的内存就够了。

如果文件无法被分成合适的行，你可以设置一个参数来限定读取的字符数。比如，以下的代码将只读取文件开头的 20 个字符。

```
>>> f = open("guessWord.txt")
>>> f.read(20)
'chicken\ndog\ncat\nmous'
>>> f.close()
>>>
```

5.3.3 写文件

在Python中写文件也非常简单，还是使用open()函数，使用open()函数打开文件的时候，除了能够指定打开的文件名，还能指定打开文件的模式。open()函数的指定的参数和返回值具体说明如表5.4所示。

表5.4 open()函数指定的参数和返回值

open(file, mode='r', encoding=None)	
参数	说明
file	要打开文件的文件名
mode	指定打开模式（默认为只读）
encoding	文件编解码方法
返回值	已成功打开文件的对象

其中，设置打开模式可以使用表5.5所示的字符，也可以组合使用。由于参数是文字（字符串），所以在代码中要用单引号（'）括起来。如果没有指定模式，一般默认为rt（只读文本）模式。

表5.5 设置打开模式所用的字符与含义

字符	含义
r	只读、无法写入模式（默认为rt）。如果文件不存在会报错
w	写入模式，会覆盖原文件。如果文件不存在，则创建新文件
x	创建新文件并写入模式。如果有现有文件则报错
a	写入模式，新增内容会添加到文件末尾。如果文件不存在，则创建新文件
b	二进制模式
t	文本模式（默认为" rt"）
+	文件可更新模式。如果是"r +"的情况，则可以读/写，文件不存在则会报错。 如果是"w +"的情况，也是可以读/写，不过文件不存在的话，会创建新文件
u	"\n""\r \n"和"\r"都表示换行的模式（不推荐）

说明：有关open()函数的详细说明，请参考官方网站中文的文档资料。

如果open()函数运行正常，则会返回可用的文件对象，使用文件对象的write方法就能将文本写入文件。写文件需要你在打开文件时以' w'' a'或' r+'作为第二参数，举例如下。

```
>>> f = open('test.txt', 'w')
>>> f.write('This file is not empty')
>>> f.close()
```

5.3.4　文件操作

有时候，你需要对文件进行一些文件系统类型的操作（如移动、复制等）。Python 使用命令行的形式，这里很多函数都在 shutil 模块中，基本的复制、移动，以及处理文件权限和元数据处理都有一些微妙的变化。这一节中，我们只是处理基本的操作。你可以参考 Python 的官方文档，来查找更多的函数。

以下是如何复制文件。

```
>>> import shutil
>>> shutil.copy('test.txt', 'test_copy.txt')
```

以下是如何移动文件、改变文件名或是把文件移动到其他目录下。

```
>>>shutil.move('test_copy.txt', 'test_dup.txt')
```

这对文件和目录都适用，如果你想复制整个文件夹，包括所有的目录和目录下的内容，你可以使用 copytree() 函数。另外，你还可以使用较为危险的 rmtree() 函数，这个函数会删除原来的目录及其中的所有内容，所以一定要谨慎使用。

查找目录下文件的最好方式是使用 glob 模块，glob 模块允许你通过特定的通配符（*）在目录中创建一个文件列表，举例如下。

```
>>> import glob
glob.glob('*.txt')
['guessWord.txt', 'test.txt', 'test_dup.txt']
```

如果你只是想知道文件夹中的所有文件，可以这样：

```
glob.glob('*')
```

5.3.5　jieba 第三方中文分词模块

除了 Python 的标准模块，还有很多第三方提供的模块大大扩展了 Python 的应用领域与范围。本节就来结合文件操作介绍一款优秀的 Python 中文分词模块——jieba。

在处理中文时，分词是一个常见的操作，这是中文信息处理的基础与关键。词是最小的独立有意义的语言成分，英文单词之间是以空格作为自然分界符的，而汉语是以字为基本的书写单位，汉字之间没有明显的区分标记，因此，中文词语分析的基础就是分词处理。

jieba是第三方的模块，因此首先需要先安装。这里采用pip的安装形式，pip是Python包管理工具，该工具提供了对Python模块的查找、下载、安装、卸载的功能。Python 3.4以上版本都自带pip工具。在Windows中使用pip工具安装第三方模块的方法是打开cmd命令行工具，然后在其中输入"pip install"并加上对应的模块名称。

如果安装jieba模块，则是输入以下命令。

```
pip install jieba
```

jieba的安装界面如图5.2所示。

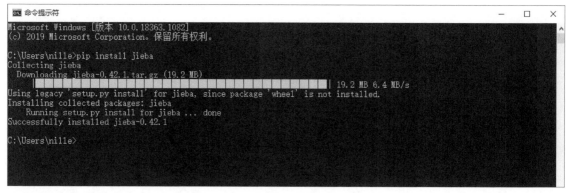

图5.2 安装jieba时的界面

这个界面中会有一个进度条，等待进度条走完即可。

jieba 支持3种分词模式：精确模式、全模式和搜索引擎模式。3种模式的特点如下。

■ 精确模式：试图将语句最精确地切分，不存在冗余数据，适合做文本分析。

■ 全模式：将语句中所有可能是词的词语都切分出来，速度很快，但是存在冗余数据。

■ 搜索引擎模式：在精确模式的基础上，对长词再次进行切分，适合用于搜索引擎构建倒排索引的分词，粒度比较细。

其中精确模式和全模式对应的模块函数为jieba.cut()，该函数有两个参数，第一个参数就是需要分词的字符串；第二个参数cut_all是一个可选参数，用于表示是否采用全模式，如果这个参数的值为True则表示采用全模式，如果为False则表示不采用全模式，默认为不采用全模式。而搜索引擎模式对应的模块函数为jieba.cut_for_search()，该函数只需要一个参数，即需要分词的字符串。两个函数的返回值都是一个可迭代的生成器（generator），可以使用for循环来获得分词后得到的每一个词语。

3种模式的使用如下所示。

```
>>> import jieba
>>> str = "2020年适逢北京故宫建成600年"
>>> for i in jieba.cut(str):
            print(i)


2020
年
适逢
北京故宫
建成
600
年
>>> for i in jieba.cut(str,cut_all = True):
            print(i)


2020
年
适逢
北京
北京故宫
故宫
建成
600
年
>>> for i in jieba.cut_for_search(str):
            print(i)


2020
年
适逢
北京
故宫
北京故宫
建成
600
年
>>>
```

由以上的操作能够看出来，经过分词后，一句话被分割成了具有独立意义的词语。这里是通过for循环来显示分词结果中的每个词语的，另外模块中还有jieba.lcut()函数和jieba.lcut_for_search()函数，这两个函数的参数与jieba.cut()函数和jieba.cut_for_search()函数相同，不同的前面加了l的函数输出的是由独立的词语组成的列表。函数操作如下。

```
>>> str = "2020年是北京故宫建成600年"
>>> jieba.lcut(str)
['2020', '年', '适逢', '北京故宫', '建成', '600', '年']
>>> jieba.lcut(str,cut_all = True)
['2020', '年', '适逢', '北京', '北京故宫', '故宫', '建成', '600', '年']
>>> jieba.lcut_for_search(str)
['2020', '年', '适逢', '北京', '故宫', '北京故宫', '建成', '600', '年']
>>>
```

　　了解了jieba中基本函数的使用方法之后，下面来尝试对一个文本文件进行分词。这里要实现的功能是统计一个txt文件当中出现次数最多的词语。这里选择的文本文件是我写的另外一本书《我的故宫世界》的txt版本。新建一个代码文件，在其中输入以下代码。

```
import jieba
f = open("我的故宫世界.txt")
txt = f.read()
f.close()
words = jieba.lcut(txt)
counts = {}        # 通过字典来存储词语及其出现的次数
for word in words:
    if len(word) < 2:      # 单个汉字不计算在内
        continue
    else:
        # 遍历所有词语，每出现一次，其对应的值加 1
        counts[word] = counts.get(word, 0) + 1
items = list(counts.items())
# 根据词语出现的次数进行从大到小排序
items.sort(key=lambda x: x[1], reverse=True)
for i in range(5):
    word, count = items[i]
    print("{0:<5}{1:>5}".format(word, count))
```

　　这段代码对一个字的词语没有统计，另外排序的时候用了lambda操作符，这是用于将函数赋值给变量的一个操作符。运行程序后的输出如下。

```
Building prefix dict from the default dictionary ...
Loading model from cache C:\Users\nille\AppData\Local\Temp\jieba.cache
Loading model cost 0.947 seconds.
Prefix dict has been built successfully.
```

```
方块        207
搭建        192
所示        169
如图        162
柱子        158
>>>
```

在输出的内容中，首先看到的是分词的操作过程以及所花费的时间，然后是在程序中输出的文本文件中出现最多的 5 个单词，这里分别为方块、搭建、所示、如图与柱子。

说明：

（1）注意这里要将文件"我的故宫世界.txt"保存在与代码文件相同的目录下。

（2）不能将代码文件保存为 jieba.py，这是因为 Python 的模块文件中有这个文件存在，重复出现就会报错。

如果我们希望看看太和殿、中和殿、保和殿出现的次数，可以直接输出字典中对应的值。另外可以尝试只统计字数为 3 个字以上的词语，对应操作是将代码中判断语句 if 的条件由

```
if len(word) < 2:
```

改为

```
if len(word) < 3:
运行程序后的输出为：
Building prefix dict from the default dictionary ...
Loading model from cache C:\Users\nille\AppData\Local\Temp\jieba.cache
Loading model cost 1.104 seconds.
Prefix dict has been built successfully.
太和殿        60
保和殿        32
神武门        28
昭德门        26
护城河        23
>>>
```

《我的故宫世界》这本书的内容是介绍在游戏《我的世界》中搭建故宫的过程，我仔细查看了一下分词的结果，不过并没有找到"我的世界"这个词，这说明 jieba 词库里没有这个词。如果想在词库中添加自己定义的词，可以使用 jieba.add_word() 函数。

添加新的词"我的世界"并查询这个词在文件中出现次数的代码如下。

```
import jieba
f = open("我的故宫世界.txt")
```

```
txt = f.read()
f.close()
jieba.add_word("我的世界")
words = jieba.lcut(txt)
counts = {}        # 通过字典来存储词语及其出现的次数
for word in words:
    if len(word) < 2:      # 单个汉字不计算在内
        continue
    else:
        #遍历所有词语,每出现一次,其对应的值加 1
        counts[word] = counts.get(word, 0) + 1
print("我的世界   "+str(counts["我的世界"]))
```

输出的结果如下。

```
Building prefix dict from the default dictionary ...
Loading model from cache C:\Users\nille\AppData\Local\Temp\jieba.cache
Loading model cost 0.862 seconds.
Prefix dict has been built successfully.
我的世界   10
```

说明:要删除词库中的词,可以使用 jieba.del_word() 函数。

5.3.6　生成器与迭代器

上一节中,我们介绍到jieba模块中,jieba.cut()函数和jieba.cut_for_search()函数的返回值都是一个可迭代的生成器(generator)。因此本节就来介绍一下Python中的生成器和迭代器(不过在介绍生成器之前,要先介绍迭代器)。

迭代器(Iterator)是一个可以记住遍历的位置的对象。迭代器对象从集合的第一个元素开始访问,直到所有元素被访问完结束。迭代器只能往前,不会后退。字符串、列表或元组对象都可用于创建迭代器,迭代器有两个基本的方法:创建迭代器对象的iter()方法和访问迭代器中下一个元素的next()方法,举例如下。

```
>>> a = [1,2,3,4,5]
>>> b = iter(a)
>>> type(b)
<class 'list_iterator'>
>>> next(b)
1
>>> next(b)
2
>>> next(b)
```

```
3
>>>
```

迭代器对象可以使用常规 for 语句进行遍历。

```
>>> b = iter(a)
>>> for x in b:
    print(x)


1
2
3
4
5
>>>
```

由于迭代器只能往前，不会后退，因此在正确的范围内使用 next() 方法会返回期待的数据，而超出范围后会抛出 StopIteration 错误，停止迭代。

```
>>> b = iter(a)
>>> while True:
    try:
            print(next(b))
    except StopIteration:
            break
1
2
3
4
5
>>>
```

生成器是一个返回迭代器的函数，我们通过生成器能够生成一个值的序列，以便在迭代器中使用。使用生成器主要是能够节约存储空间或是创建一个有规律的无限大的列表。比如说我们用定义列表的形式创建一个列表，那么受到内存限制，列表容量肯定是有限的，而如果创建一个有限但很大（比如有 1 万个元素）的列表，则会占用很大的存储空间，尤其是仅仅需要访问前面几个元素的话，那后面绝大多数元素占用的空间都白白浪费了。

针对列表元素可以按照某种算法推算出来的情况，我们可以利用公式通过循环来推算出相应位置的元素，这样就不必浪费空间创建一个完整的列表了。

在 Python 中，使用关键字 yield 定义的函数就被称为生成器。比如使用 yield 实现斐波那契数列的代码如下。

```
def fibonacci(n):  # 生成器函数
    a, b, counter = 0, 1, 0
    while True:
        if (counter > n):
            return
        yield a
        a, b = b, a + b
        counter += 1
f = fibonacci(10)
while True:
    try:
        print (next(f))
    except StopIteration:
        break
```

yield是一个类似return 的关键字，在调用生成器的运行过程中，每次遇到yield的时候就返回yield后面的值。而且下一次迭代的时候，从上一次迭代遇到的yield后面的代码开始执行。上面这段代码的运行结果如下所示。

```
0
1
1
2
3
5
8
13
21
34
55
>>>
```

5.3.7　词云

为了增加一些趣味性，本节再安装一个能够生成词云的模块，cmd命令行工具中的命令为：

```
pip install wordcloud
```

说明：词云是将大段文本中的关键词汇以高亮及大字体的形式展示出来的方式。这是文本数据可视化的重要方式。

安装了词云的模块之后，我们先来简单测试一下。新建一个代码文件，在其中输入以下代码。

```
import wordcloud
# 构建词云对象w，设置词云图片宽、高、字体、背景颜色等参数
w = wordcloud.WordCloud(width=1000,
                        height=700,
                        background_color='white',
                        font_path='msyh.ttc')
# 调用词云对象的generate方法
w.generate('2020年,北京故宫,建成,600年')
# 将生成的词云保存为output.png图片文件
w.to_file('output.png')
```

在上面这段代码中，首先要导入词云模块 wordcloud，然后定义一个词云的对象，定义对象的时候可以设置一些参数，常用参数如下。

■ width：词云图片宽度，默认为 400 像素，这里设置为 1000 像素。

■ height：词云图片高度，默认为 200 像素，这里设置为 700 像素。

■ background_color：词云图片的背景颜色，默认为黑色，这里设置为白色。background_color='white'

■ font_step：字号增大的步进间隔，默认为 1 号。

■ font_path：指定字体路径，默认为 None，对于中文可用 font_path='msyh.ttc'。

■ mini_font_size：最小字号，默认为 4 号。

■ max_font_size：最大字号，这个值会根据高度自动调节。

■ max_words：最大词数，默认为 200。

■ Scale：文字密度，默认值为 1。值越大，密度越大，越清晰。

■ prefer_horizontal：默认值为 0.90，浮点数据类型，表示在水平方向如果不合适，就旋转为垂直方向。

■ relative_scaling：默认值为 0.5，浮点数据类型，设置按词频倒序排列，上一个词相对下一个词的大小倍数。

■ mask：指定词云形状图片，默认为矩形。

定义了词云对象之后，接着调用词云对象的 generate() 方法，将词语传入对象创建词云，这里传入的词为 '2020年,北京故宫,建成,600年'。

最后利用对象的 to_file() 方法将生成的词云保存为图片文件，文件名为 output.png。这里得到的词云图像如图 5.3 所示。

建成600年
2020年
北京故宫

图5.3　由字符串生成的词云图像

通过显示的效果能看出来越在前面的词显示得越大，这样结合上一节中的分词示例，我们就可以完成一个统计txt文本当中次数出现最多的200个（默认值）词语并通过词云显示的例子。对应代码如下。

```python
import jieba
import wordcloud
f = open("我的故宫世界.txt")
txt = f.read()
f.close()
words = jieba.lcut(txt)
counts = {}        # 通过字典来存储词语及其出现的次数
for word in words:
    if len(word) < 3:      # 单个汉字不计算在内
        continue
    else:
        # 遍历所有词语，每出现一次，其对应的值加 1
        counts[word] = counts.get(word, 0) + 1
items = list(counts.items())
# 根据词语出现的次数进行从大到小排序
items.sort(key=lambda x: x[1], reverse=True)
# 构建词云对象w，设置词云图片宽、高、字体、背景颜色等参数
w = wordcloud.WordCloud(width=1000,
                        height=700,
                        background_color='white',
                        font_path='msyh.ttc')
# 创建一个由词语加空格组成的字符串
wordcloudtxt = ""
for i in items:
    wordcloudtxt = wordcloudtxt +" "+(list(i)[0])
# 调用词云对象的generate 方法
```

```
w.generate(wordcloudtxt)
# 将生成的词云保存为"我的故宫世界.png"图片文件
w.to_file('我的故宫世界.png')
```

　　这段代码中当根据词语出现的次数从大到小获得了分词结果之后，我们将其转换为了一串由词语构成的字符串，接着调用词云对象的generate()方法，将对应的字符串传入对象创建词云。最后利用对象的to_file()方法将生成的词云保存为图片文件，文件名为"我的故宫世界.png"，如图5.4所示。

图5.4　统计txt文本当中次数出现最多的200个词语并通过词云显示

5.4　侵蚀化

　　侵蚀化（Pickling）是指将变量的内容保存成文件，这样在稍后加载文件时就能得到原始的数据值。通常这样做是为了能够在程序运行时保存数据。比如，我们可以创建一个复杂的列表，其中包含了另一个列表和各种各样的其他数据对象，然后将其侵蚀化，放在一个叫作mylist.pickle的文件中，操作如下。

```
>>> mylist = ['a', 123, [4, 5, True]]
>>> mylist
['a', 123, [4, 5, True]]
>>> import pickle
```

```
>>> f = open('mylist.pickle', 'w')
>>> pickle.dump(mylist, f)
>>> f.close()
```

如果你找到这个文件，然后在编辑器中打开的话，会看到这样奇奇怪怪的内容：

```
(lp0
S'a'
p1
aI123
a(lp2
I4
aI5
aI01
aa.
```

我们能够想到，这是一个文本文件，不过是不可读的。要重新将侵蚀化的文件读取到项目中，你需要这样做：

```
>>> f = open('mylist.pickle')
>>> other_array = pickle.load(f)
>>> f.close()
>>> other_array
['a', 123, [4, 5, True]]
```

5.5 网络

很多应用程序会通过各种方式使用网络，即使只是通过网络检查一下是否有新版本更新，然后提示用户注意。你可以发送 HTTP(Hypertext Transfer Protocol) 请求来与网络服务器交互，网络服务器在收到信息之后会发送一串文本作为回复。这个文本使用的是 HTML 语言 (Hypertext Markup Language)，网页都是用这种语言创建的。在 Python 中，我们使用 urllib.request 这个模块来获取网页信息。

5.5.1 urllib.request模块

urllib.request 模块是用于发送 HTTP 请求的客户端模块。使用方法是首先导入"urllib.request"，然后通过 urlopen 方法向网络服务器发送请求。方法返回值为响应对象（网页），这里要转换成 UTF-8 格式的文本。在编辑器输入以下代码：

```
import urllib.request
u = 'https://search.jd.com/Search?keyword=python'
res = urllib.request.urlopen(u)
```

```
html = res.read().decode('utf-8')
print(html)
```

运行程序后，将会在 Shell 中显示在京东网站上查询到的关于 Python 的信息。

5.5.2　将 HTML 保存到文件

接下来，试着将以上取得的 HTML 数据保存到文件中。以下代码中添加了将获取的网页（HTML 文件）保存到文件中的代码。

```
import urllib.request
u = 'https://search.jd.com/Search?keyword=python'
res = urllib.request.urlopen(u)
html = res.read().decode('utf-8')
f = open('python.html', 'w', encoding='utf-8')
f.write(html)
f.close()
print('python.html 已保存')
```

这次运行程序的时候，就不是在 Shell 中输出 HTML 的内容了，而是会将内容输出到 "python.html" 文件中，该文件就在保存 .py 文件的文件夹中。同时在 Shell 中显示 "python.html 已保存"。

这里我们所做的工作叫作网页抓取，这并不是理想的处理方式，原因有很多，首先是很多机构都不喜欢人们使用自动程序来抓取它们的网站。因此，你可能会受到警告，甚至某些网站会禁止你访问。

其次，这种操作很依赖网页的结构，网站上一点小小的改动就会让一切停止工作。比较好的方法是寻找网站的官方服务接口，相对于返回 HTML 文件，这些服务会返回更容易处理的数据，常见的有 XML 或是 JSON 格式的数据。

如果你想进一步学习的话，可以在网上搜索 "Regular Expressions in Python（Python 中的正则表达式）"。正则表达式有自己的规则，它常被用来进行复杂的搜索和文本的验证。正则表达式学习和使用起来不太容易，但是执行起文本处理这样的任务相当容易。

练习

　　尝试完成一个计算距离目标日期还剩下几天的小程序，当我们输入年、月、日数字（整数）后，会显示"还剩下××天。"

参考答案

　　首先，使用import语句导入datetime模块的date对象。然后通过input()函数输入年、月、日，根据输入的值生成目标日的date对象。接着用today()方法取今天的日期，用目标日减去今天的日期，就能知道剩下的天数。最后使用timedelta对象的days()方法从时间差的date对象中获得天数。对应代码如下。

```
from datetime import date
y = int(input('哪一年？：'))
m = int(input('哪个月？：'))
d = int(input('哪一天？：'))
target_date = date(y, m, d)
today_date = date.today()
remaining = target_date - today_date
print('还剩下 {} 天。'.format(remaining.days))
```

下篇

机器学习入门

第6章 图像处理与特征检测

在本书中，我想介绍一点人工智能（AI）的内容，而"机器学习"就是用于实现人工智能的技术之一。之后的几章将基于图像识别来讲解机器学习中一些具体的概念，本章我们先从图像处理与特征检测的内容开始。

6.1 显示图像

要进行图像处理，首选基于 Python 语言的 OpenCV 模块。OpenCV 是 Open Source Computer Vision 的缩写，这是一个免费的计算机视觉模块，可通过处理图像和视频来完成任务，包括显示摄像头的输入信号以及使计算机识别现实中的物体。

6.1.1 安装第三方模块

OpenCV 模块是由第三方提供的模块，所以使用之前需要先安装。打开 cmd 命令行工具，然后输入以下命令。

```
pip install opencv-python
```

OpenCV 的安装界面如图 6.1 所示。

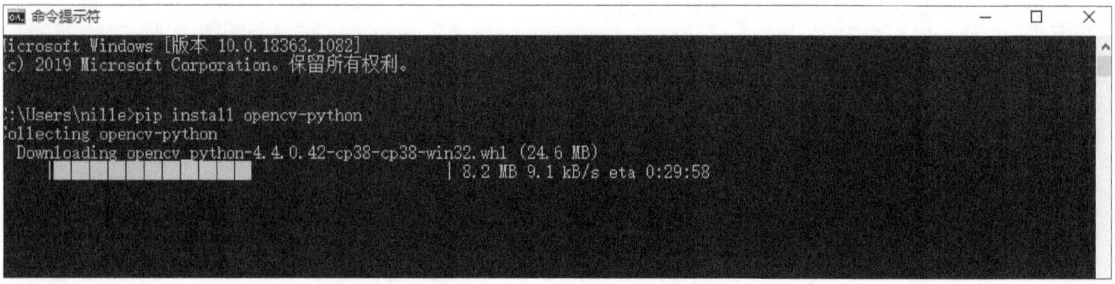

图 6.1　安装 OpenCV 时的界面

这个界面中会有一个进度条，等待进度条走完即可。要测试 OpenCV 是否正确安装，可以打开 Python 的 IDLE，在其中输入 import cv2，如果回车之后没有报错，那就说明一切正常，操作如下。

```
>>> import cv2
>>>
```

安装OpenCV的时候还会顺带安装用于快速进行数值计算的NumPy模块。这个模块是基于Python的OpenCV所依赖的模块，它提供了很多数值计算函数，在机器学习方面，经常会出现数组和矩阵的计算，Numpy的数组类（numpy.array）提供了很多高效的矩阵计算函数。

6.1.2　计算机"眼"中的图像

对于电子设备来说，它们"眼"中的图片就是一堆数字信息。大家肯定都用过数码相机或手机中的照相功能，数码相机和手机都是以数字化的形式存储图片的，当我们把这些图片不断放大的时候，就会发现，它们都是由一个个的小色块组成的，如图6.2所示。

图6.2　放大图片

图片中的每一个色块称为一个像素，而每一个像素又是由表示红（R）、绿（G）、蓝（B）的3个基本颜色值组成的。因此，一张图片的像素值越大，则图片越清晰，细节越多，同时图片文件也越大。这里为了更直观地展示图片所对应的数字化信息，我们创建一个只有4个像素的图片，其中4个色块的颜色分别为红、绿、蓝、白，如图6.3所示。

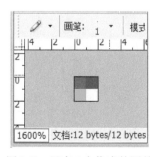

图6.3　只有4个像素的图片

将这个图片命名为4.jpg，并保存在C盘根目录下。之后在Python IDLE中查看图片信息。

如果要读取一个图片文件，需要使用OpenCV的imread()函数。尝试在IDLE中输入以下内容。

```
>>> import numpy
>>> import cv2
>>> img = cv2.imread("C:/4.JPG")
>>> img
array([[[  0,   0, 254],
        [254,   0,   1]],

       [[  0, 255,   0],
        [255, 255, 255]]], dtype=uint8)
>>> img.ndim
3
>>> img.shape
(2, 2, 3)
```

这里用到了numpy模块，因此首先要导入numpy。接着导入cv2模块（OpenCV）并利用模块的imread()函数读取图片"4.jpg"。当我们输入对象名img并回车的时候，就能看到这是一个数组。之后img.ndim的结果是对象img的数组维数，img.shape的结果是对象img的形状，通过这些内容我们得知图像4.jpg是一个2×2×3的三维数组，其中前面的2×2表示图片是一个为2像素×2像素的图片，而3表示每个像素都包含3个数，这3个数分别表示当前这个像素的B、G、R值，[0, 0, 254]、[254, 0, 1]、[0, 255, 0]、[255, 255, 255]就分别表示红色、蓝色、绿色和白色（按照从左到右、从上到下的顺序保存图片）。

6.1.3 Numpy模块

由于NumPy模块之后用得比较多，所以本小节我们先来熟悉一下它。

如果想用NumPy创建一个数组，需要用到array()函数。该函数接收Python的列表作为参数，生成一个NumPy数组，操作如下。

```
>>> import numpy
>>> x = numpy.array([1,3,6,2])
>>> print(x)
[1 3 6 2]
>>> x = numpy.array([[128,64],[255,32]])
>>> print(x)
[[128  64]
 [255  32]]
>>> x.shape
```

```
(2, 2)
>>>
```

以上我们分别创建了一个一维数组和一个二维数组。

数组和数组之间也可以使用加、减、乘、除运算符，不过要注意，进行加、减、乘、除运算时，两个数组的结构要一致，如果元素个数不同的话，程序就会报错。比如如下的操作：

```
>>> y = numpy.array([[2,4],[8,1]])
>>> x+y
array([[130,  68],
       [263,  33]])
>>> x-y
array([[126,  60],
       [247,  31]])
>>> x*y
array([[ 256,  256],
       [2040,   32]])
>>> x/y
array([[64. , 16. ],
       [31.875, 32. ]])
>>>
```

使用 NumPy 会让矢量和矩阵计算非常容易。例如，将 NumPy 数组乘以 3 将使每个元素扩大 3 倍。而要进行转置，可以通过引用数组的 T 属性来完成。示例操作如下。

```
>>> y = y * 3
>>> print(y)
[[ 6 12]
 [24  3]]
>>> print(y.T)
[[ 6 24]
 [12  3]]
>>>
```

说明：单一数值与数组不一样，单一数值称为标量。

要计算向量的内积和矩阵的乘积，可以使用 dot() 函数。向量的内积是每个元素的乘积之和。而在矩阵乘法中，要将水平行和垂直列相同顺序的乘积相加，操作示例如下。

```
>>> import numpy
>>> x = numpy.array([1,2,3])
>>> y = numpy.array([3,4,5])
>>> print(numpy.dot(x,y))
```

```
26
>>> x = numpy.array([[1,2],[3,4]])
>>> y = numpy.array([[5,6],[7,8]])
>>> print(numpy.dot(x,y))
[[19 22]
 [43 50]]
>>>
```

dot() 函数中的第一个参数是从左边参与运算的向量或矩阵，而第二个参数是从右边参与运算的向量或矩阵。这里前面两个向量内积的值为 $1×3 + 2×4 + 3×5$，即"26"。而两个矩阵的乘积为 $[1×5 + 2×7,1×6 + 2×8],[3×5 + 4×7,3×6 + 4×8]$。

使用 mean() 函数可以计算数组的平均值，使用 std() 函数可以计算标准偏差，操作示例如下。

```
>>> import numpy
>>> r = numpy.random.randint(0,10,10)
>>> print(r)
[5 0 4 3 6 9 7 5 2 6]
>>> print(numpy.mean(r))
4.7
>>> print(numpy.std(r))
2.4515301344262523
>>>
```

这里利用 Numpy 模块中的 random.randint() 函数创建一个 0 ~ 9 的随机数组。第一个参数是下限，第二个参数是上限（不包括此数字），第三个参数是元素个数。

6.1.4　在窗口中显示图像

如果我们希望通过 Python 代码生成一个窗口，并在窗口中显示图像，则需要使用 imshow() 函数。imshow() 函数有两个参数，第一个参数是图像窗口上显示的标题，第二个参数是想要显示的图像对象。

在编辑器中输入以下代码来利用 imshow() 函数显示图 6.2 中的图像。

```
import numpy
import cv2
img = cv2.imread("shankai.jpg")
cv2.imshow("My Picture",img)
print(img.shape)
```

当运行程序时，就会看到出现了一个图像的窗口，如图 6.4 所示。

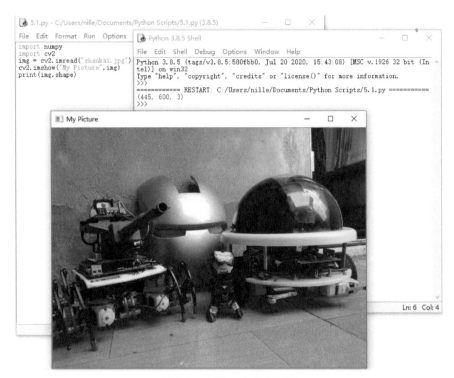

图6.4　在窗口中显示图像

这里我的图片保存在.py文件所在的文件夹中，图片名称为"shankai.jpg"。显示的窗口标题为"My Picture"。而通过输出的信息能够知道图片的大小为445像素×600像素。

6.2　图像处理

在能够显示图像之后，我们尝试对图像进行一些修改。

6.2.1　修改图像

通过6.1.1节的内容，我们已经知道图像就是由一个一个的色块（像素）组成的，因此修改图像最直接的方法就是直接修改这个色块的值。为了能直观地看到修改的结果，可以在IDLE中尝试以下操作。

```
>>> import cv2
>>> import numpy
>>> img = cv2.imread("C:/4.jpg")
>>> img
array([[[  0,   0, 254],
        [254,   0,   1]],

       [[  0, 255,   0],
        [255, 255, 255]]], dtype=uint8)
```

```
>>> img[0,0] = [255,0,255]
>>> img
array([[[255,   0, 255],
        [254,   0,   1]],
       [[  0, 255,   0],
        [255, 255, 255]]], dtype=uint8)
>>>
```

操作中，我们修改了第一个像素img[0,0]的值，方括号中第一个值表示的是第几行（从0开始算），第二个值表示的是第几列（也是从0开始算）。[0,0]就表示第一行的最左侧。这里将这个色块的颜色由[0，0，254]改成了[255，0，255]。通过显示img的内容能够看出来这个值已经被修改了。

修改单个色块值的操作其实并不是太有用，因为在一幅图中。单个色块的改变根本看不出变化。上面这个操作只是为了说明能够直接修改对应位置的颜色值。下面来修改"shankai.jpg"这张大图，这次采用的方式是通道操作，即将指定颜色通道（B、G或R）的值设置为同一个值。

将上一节中的代码修改如下。

```
import numpy
import cv2
img = cv2.imread("shankai.jpg")
img[:,:,1] = 0
cv2.imshow("My Picture",img)
```

运行程序时显示的图片如图6.5所示。

图6.5　进行了通道操作的图片

这张图中，所有色块的绿色值都被设置成了0，而关键就是以下这行代码。

```
img[:,:,1] = 0
```

这里方括号中有以逗号分隔的3个字符，前两个冒号是坐标，表示操作的是整张图片所有的色块。而第三个字符表示的是具体的颜色通道，0表示B（蓝色），1表示G（绿色），2表示R（红色）。代码中为1就表示将所有色块的绿色通道的值都设置为0（即没有绿色）。如果我们希望整张图片没有蓝色，则可以将代码改为：

```
import numpy
import cv2
img = cv2.imread("shankai.jpg")
img[:,:,0] = 0
cv2.imshow("My Picture",img)
```

对应的显示如图6.6所示。

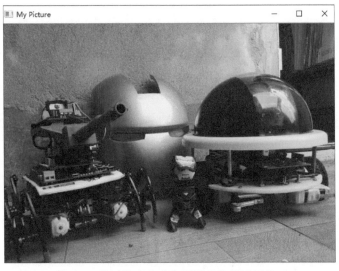

图6.6 将图像所有蓝色通道的值都设置为0

当然也可以设置某一个通道的颜色值为最大值255，大家可以自己尝试修改一下。

说明：通道操作也可以通过循环来处理，不过这样的效率非常低，应尽量避免这样的操作。

通过这种方式还可以只修改某一个区域的颜色通道，比如只去掉左上角100像素×100像素区域的绿色值，对应代码如下。

```
import cv2
img = cv2.imread("shankai.jpg")
img[0:100, 0:100, 1] = 0
cv2.imshow("My Picture",img)
```

运行程序时显示的图片如图6.7所示。

图6.7　只修改某一个区域的颜色通道

另外，当使用imread()函数时，也可以通过参数对图像文件进行修改。参数的可选项如表6.1所示。

表6.1　imread()函数参数可选项

imread()函数参数的可选项	说明
cv2.IMREAD_UNCHANGED	按原样加载的图像
cv2.IMREAD_GRAYSCALE	将图像转换为单通道灰度图像
cv2.IMREAD_COLOR	将图像转换为3通道BGR彩色图像
cv2.IMREAD_ANYDEPTH	图像具有相应深度时返回16位／32位图像，否则将其转换为8位图像
cv2.IMREAD_ANYCOLOR	以任何可能的颜色格式读取图像
cv2.IMREAD_LOAD_GDAL	使用gdal驱动程序加载图像
cv2.IMREAD_REDUCED_GRAYSCALE_2	将图像转换为单通道灰度图像，图像尺寸减小为原来的1/2
cv2.IMREAD_REDUCED_COLOR_2	将图像转换为3通道BGR彩色图像，图像尺寸减小为原来的1/2
cv2.IMREAD_REDUCED_GRAYSCALE_4	将图像转换为单通道灰度图像，图像尺寸减小为原来的1/4
cv2.IMREAD_REDUCED_COLOR_4	将图像转换为3通道BGR彩色图像，图像尺寸减小为原来的1/4

续表

imread()函数参数的可选项	说明
cv2.IMREAD_REDUCED_GRAYSCALE_8	将图像转换为单通道灰度图像，图像尺寸减小为原来的1/8
cv2.IMREAD_REDUCED_COLOR_8	将图像转换为3通道BGR彩色图像，图像尺寸减小为原来的1/8
cv2.IMREAD_IGNORE_ORIENTATION	不要根据EXIF的方向标志旋转图像

　　imread()函数默认读取图像的参数为cv2.IMREAD_COLOR，假如想把原图作为灰度图片加载，则对应的代码如下。

```
import numpy
import cv2
img = cv2.imread("shankai.jpg",cv2.IMREAD_GRAYSCALE)
cv2.imshow("My Picture",img)
```

　　运行程序时显示的图片如图6.8所示。

图6.8　把原图作为灰度图片加载并显示

　　以上的修改只是改变了Python中的数据，并没有修改原图，如果想保存图片，可以使用imwrite()函数。imwrite()函数有两个参数，第一个参数是保存图像的文件名，第二个参数是要保存的图像对象。

　　如果想将上面的灰度图保存为"shankai-1.jpg"，则对应的代码为：

```
import numpy
import cv2
```

```
img = cv2.imread("shankai.jpg",cv2.IMREAD_GRAYSCALE)
cv2.imshow("My Picture",img)
cv2.imwrite("shankai-1.jpg",img)
```

6.2.2 色彩空间

在简单地修改图片颜色数据的基础上，本小节将通过另一种方式来处理图片。

OpenCV 中有很多种不同色彩空间之间的转换方法。目前，在计算机视觉中有 3 种常用的色彩空间：灰度、BGR 以及 HSV。

其中灰度色彩空间是通过去除彩色信息来转换的，灰阶色彩空间对中间处理特别有效，比如人脸检测。

转换后的灰度图片的每一个色块只需要用一个 0～255 的灰度值来表示即可（0 为黑色，255 为白色），这样一张图片就可以表示为一个二维数组。图片的显示效果前面已经看到了，现在来看一下数据的变化，比如我们还是来操作一下 "4.jpg" 这张图。

```
>>> import cv2
>>> import numpy
>>> img = cv2.imread("C:/4.jpg",cv2.IMREAD_GRAYSCALE)
>>> img
array([[ 76,  29],
       [150, 255]], dtype=uint8)
>>> img.ndim
2
>>> img.shape
(2, 2)
>>>
```

通过输出能看到转换后的图片由原来的 2×2×3 的三维数组变成了 2×2 的二维数组。

BGR 色彩空间就是之前描述的每一个色块是由 3 个分别代表蓝（B）、绿（G）、红（R）的数值来表示的。而 HSV 色彩空间与 BGR 色彩空间形式上差不多，都是用 3 个数据来表示一个颜色。

HSV(Hue, Saturation, Value) 空间是根据颜色的直观特性由 A. R. Smith 在 1978 年创建的一种颜色空间，也称六角锥体模型(Hexcone Model，见图 6.9)。一般 RGB 颜色模型是面向硬件的，而 HSV 颜色模型是面向用户的。

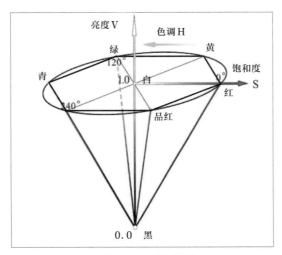

图6.9　HSV色彩空间

这个六角锥体模型中，边界表示色调，水平轴表示饱和度，而亮度沿垂直轴测量。因此这个模型中，颜色的参数有3个，即色调（H）、饱和度（S）和亮度（V），各个参数的取值范围如下。

■ **色调（H）：0~360**

以角度度量，从红色开始按逆时针方向计算，红色为0°，黄色为60°，绿色为120°，青色为180°，蓝色为240°，品红为300°。

■ **饱和度（S）：0~255**

饱和度S表示颜色接近光谱色的程度。任何一种颜色都可以看成某种光谱色与白色混合的结果。其中光谱色所占的比例越大，颜色接近光谱色的程度就越高，颜色的饱和度也就越高。饱和度高，颜色则深而艳。

■ **亮度（V）：0~255**

亮度表示颜色明亮的程度。对于光源色，亮度值与发光体的光亮度有关；对于物体色，此值和物体的透射比或反射比有关。

使用HSV颜色空间时，如果想识别某种颜色，HSV的3个参数的范围是需要自己慢慢调的，官方的颜色区域不是特别准。

如果要将BGR色彩空间的图片转换为HSV色彩空间的图片，可以使用cvtColor()函数，该函数有两个参数，第一个参数是所要转换的图像，第二个参数是转换的形式。如果是将BGR色彩空间转换为HSV色彩空间的话，则对应第二个参数值为cv2.COLOR_BGR2HSV。将"shankai.jpg"转换为HSV色彩空间的图片的代码如下。

```
import numpy
import cv2
img = cv2.imread("shankai.jpg")
img = cv2.cvtColor(img, cv2.COLOR_BGR2HSV)
cv2.imshow("My Picture",img)
```

运行程序时显示的图片如图6.10所示。

图6.10 将BGR色彩空间的图片转换为HSV色彩空间的图片

6.2.3 识别颜色

在HSV色彩空间中比在BGR色彩空间中更容易表示一种特定的颜色。比如我们想识别出"shankai.jpg"中的地面，那么首先可以通过绘图软件查看对应颜色的BGR的值，如图6.11所示。

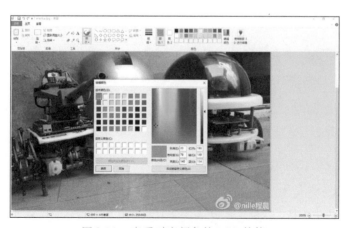

图6.11 查看对应颜色的BGR的值

这里颜色的BGR值为114、149、183。然后在IDLE中将这个颜色值转换为HSV值，对应操作如下。

```
>>> import cv2
>>> import numpy
>>> color = numpy.uint8([[[114,149,183]]])
>>> cv2.cvtColor(color,cv2.COLOR_BGR2HSV)
array([[[ 15,  96, 183]]], dtype=uint8)
>>>
```

这里能看到对应的HSV值为[15，96，183]，然后可以使用 [H-10，50,100] 和 [H+10，255，255] 作为颜色阈值的上限、下限。基于颜色阈值的上限、下限就可以利用 inRange()函数识别特定的颜色值，inRange()函数有3个函数，分别是要识别的图片、颜色阈值的下限和颜色阈值的上限。在"shankai.jpg"中识别地面的代码如下。

```
import cv2
import numpy
img = cv2.imread("shankai.jpg")
cv2.imshow('img',img)
hsv = cv2.cvtColor(img, cv2.COLOR_BGR2HSV)
lowerColor=numpy.array([5,50,100])
upperColor=numpy.array([25,255,255])
mask = cv2.inRange(hsv,lowerColor,upperColor)
cv2.imshow('mask',mask)
```

这里我们显示了两张图片：一张为原图，另一张为识别了颜色的图片。两张图片的对比如图6.12所示（结果中存在一定的噪声）。

图6.12　识别颜色的图片

注意通过inRange()函数生成的图像是黑白的，如果我们想显示出来识别的颜色，可以使用图像的与操作函数bitwise_and()，对应代码如下。

```python
import cv2
import numpy
img = cv2.imread("shankai.jpg")
cv2.imshow('img',img)
hsv = cv2.cvtColor(img, cv2.COLOR_BGR2HSV)
lowerColor=numpy.array([5,50,100])
upperColor=numpy.array([25,255,255])
mask = cv2.inRange(hsv,lowerColor,upperColor)
mask = cv2.bitwise_and(img,img,mask = mask)
cv2.imshow('mask',mask)
```

图片的显示效果如图6.13所示。

图6.13　显示识别的颜色

与操作函数bitwise_and()需要3个参数，前两个参数是进行操作的图像，这两张图必须一样大，这里都是用的图像img。与操作是取两张图相交的地方，因此进行与操作之后还是得到图像img。而第三个参数为掩膜（mask）图像。这个掩膜借鉴了PCB的制作过程，有点类似于"不透光的底片"。在半导体制造中，许多芯片工艺采用光刻技术，当在硅片上选定的区域用掩膜遮盖之后，下面的硅片就不会被腐蚀。图像掩膜与其类似，用选定的图像对处理的图像进行遮挡，来控制图像的处理区域或处理过程。

图像掩模主要用于：

■ 截取感兴趣的部分；

■ 屏蔽图像中的某一部分;

■ 提取特征,用相似性变量或图像匹配方法检测和提取图像中与掩膜相似的结构特征;

■ 制作特殊形状的图像。

在所有图像运算的操作函数中,凡是带有掩膜的处理函数,其掩膜都参与运算(两个图像运算完之后再与掩膜图像或矩阵进行运算)。

这里实际上就是给原图加了一个掩膜,黑色的部分还是黑色的,白色的部分显示原图。

说明:图像操作除了与运算 bitwize_and(),还有加运算 add()、减运算 subtract()、或运算 bitwise_or()、异或运算 bitwise_xor(),以及非运算 bitwise_not()。其中加运算能够增强色彩,减运算能够降低色减弱彩、或运算是取并集,异或运算是取不重叠的区域,非运算是取反。

6.3　图像特征检测

6.3.1　卷积运算

在进一步处理图片之前,我们需要先来介绍一下卷积运算的概念。

卷积运算并不只是在图像处理中出现的新名词,它和加、减、乘、除一样是一种数学运算。参与卷积运算的可以是向量,也可以是矩阵。下面我们先来介绍一下向量的卷积,假设有一个短向量和一个长向量,如下所示。

短向量

2	4	6

长向量

1	3	5	7	9

两个向量卷积的结果仍然是一个向量,它的计算步骤如下。

(1)将两个向量的第一个元素对齐,并截去长向量中多余的元素,然后计算这两个维数相同的向量的内积,这里内积的结果为 $2 \times 1 + 4 \times 3 + 6 \times 5 = 44$,则结果向量的第一个元素就是 44。

(2)将短向量向下滑动一个元素,从原始的长向量中截去不能与之对应的元素并计算内积,如下。

2	4	6

1	3	5	7	9

这里内积的结果为 $2 \times 3 + 4 \times 5 + 6 \times 7 = 68$，则结果向量的第二个元素就是68。

（3）将短向量再向下滑动一个元素，再截去多余的元素并计算内积，如下。

2	4	6

1	3	5	7	9

这里内积的结果为 $2 \times 5 + 4 \times 7 + 6 \times 9 = 92$，则结果向量的第三个元素就是92。

此时，因为短向量的最后一个元素已经与长向量的最后一个元素对齐，所以这两个向量的卷积就计算完了，其结果为：

44	68	92

卷积运算的一种特殊情况是当两个向量的长度相同时，这种情况下不需要进行滑动操作，卷积结果是长度为1的向量，结果向量中这个元素就是两个向量的内积。

由以上的操作能够看出来，卷积运算的结果向量的长度通常比长向量的长度短。有时为了让卷积运算得到的结果向量的长度与长向量的长度一致，会在长向量的两端再补上一些0，对于上面这个例子，如果在长向量的两端各补上一个0，将长向量变成：

0	1	3	5	7	9	0

则再进行卷积运算的时候，就可以得到一个包含5个元素的结果向量。

与此类似，来看一下矩阵的卷积运算。对于两个大小相同的矩阵，它们的内积是每个对应位置的数相乘之后的和，如下。

$$\begin{bmatrix} 1 & 3 \\ 5 & 7 \end{bmatrix} \times \begin{bmatrix} 2 & 4 \\ 6 & 8 \end{bmatrix} = 1 \times 2 + 3 \times 4 + 5 \times 6 + 7 \times 8 = 100$$

进行向量的卷积运算时，短向量只用沿着一个方向移动；而进行矩阵的卷积运算时，小矩阵需要沿着大矩阵的两个方向移动。比如一个 2×2 的矩阵与一个 4×4 的矩阵进行卷积运算，过程如下。

$$\begin{bmatrix} 1 & 2 \\ 3 & 4 \end{bmatrix} \begin{bmatrix} 1 & 1 & 2 & 1 \\ 2 & 1 & 3 & 2 \\ 1 & 3 & 1 & 2 \\ 2 & 3 & 4 & 1 \end{bmatrix} \rightarrow \begin{bmatrix} 13 & & \\ & & \end{bmatrix}$$

$$\begin{bmatrix} 1 & 2 \\ 3 & 4 \end{bmatrix} \begin{bmatrix} 1 & \boxed{1 \quad 2} & 1 \\ 2 & \boxed{1 \quad 3} & 2 \\ 1 & 3 & 1 & 2 \\ 2 & 3 & 4 & 1 \end{bmatrix} \rightarrow \begin{bmatrix} 13 & 20 \end{bmatrix}$$

$$\begin{bmatrix} 1 & 2 \\ 3 & 4 \end{bmatrix} \begin{bmatrix} 1 & 1 & \boxed{2 \quad 1} \\ 2 & 1 & \boxed{3 \quad 2} \\ 1 & 3 & 1 & 2 \\ 2 & 3 & 4 & 1 \end{bmatrix} \rightarrow \begin{bmatrix} 13 & 20 & 21 \end{bmatrix}$$

$$\begin{bmatrix} 1 & 2 \\ 3 & 4 \end{bmatrix} \begin{bmatrix} 1 & 1 & 2 & 1 \\ \boxed{2 \quad 1} & 3 & 2 \\ \boxed{1 \quad 3} & 1 & 2 \\ 2 & 3 & 4 & 1 \end{bmatrix} \rightarrow \begin{bmatrix} 13 & 20 & 21 \\ 19 \end{bmatrix}$$

......

$$\begin{bmatrix} 1 & 2 \\ 3 & 4 \end{bmatrix} \begin{bmatrix} 1 & 1 & 2 & 1 \\ 2 & 1 & 3 & 2 \\ 1 & 3 & \boxed{1 \quad 2} \\ 2 & 3 & \boxed{4 \quad 1} \end{bmatrix} \rightarrow \begin{bmatrix} 13 & 20 & 21 \\ 19 & 20 & 18 \\ 25 & 30 & 21 \end{bmatrix}$$

同样，有时为了让卷积运算之后得到的矩阵与大矩阵的大小一致，会在大矩阵的四周补上一圈，不过补的值并不都是 0。

6.3.2　垂直边缘与水平边缘

OpenCV 中用 filter2D() 实现卷积操作，卷积操作能够帮助我们获取图片中的特征信息，本节我们通过下面的小矩阵来提取图片中的垂直边缘。

$$\begin{bmatrix} -1 & 0 & 1 \\ -2 & 0 & 2 \\ -1 & 0 & 1 \end{bmatrix}$$

这种参与运算的小矩阵通常被称为卷积核，上面的这个卷积核之所以能够提取图片中的垂直边缘，是因为与这个卷积核心进行卷积相当于对当前列左、右两侧的元素进行差分，由于边缘的值明显小于（或大于）周边像素，所以边缘的差分结果会明显不同，这样就提取出了垂直边缘（注意卷积核中所有的值加起来为 0，这一点之后会进一步解释）。同理，把上面那个矩阵转置一下，就可以提取图片的水平边缘。

$$\begin{bmatrix} -1 & -2 & -1 \\ 0 & 0 & 0 \\ 1 & 2 & 1 \end{bmatrix}$$

图片的垂直边缘和水平边缘的提取效果如图 6.14 所示。

图6.14　完成图片的垂直边缘和水平边缘提取

对应的代码如下。

```
import cv2
import numpy
img = cv2.imread("shankai.jpg")
cv2.imshow('img',img)
# 进行垂直边缘提取
kernel = numpy.array([[-1, 0, 1],
                      [-2, 0, 2],
                      [-1, 0, 1]], dtype=numpy.float32)
edge_v = cv2.filter2D(img, -1, kernel)
# 进行水平边缘提取
edge_h = cv2.filter2D(img, -1, kernel.T)
cv2.imshow('edge-v',edge_v)
cv2.imshow('edge-h',edge_h)
```

其中filter2D()函数中的第二个参数表示输出图像的深度，-1代表使用原图深度。kernel.T表示矩阵转置。

下面所示的被称为索贝尔算子，另外还有拉普拉斯算子以及能显示整体外框的outline算子。

$$\begin{bmatrix} -1 & 0 & 1 \\ -2 & 0 & 2 \\ -1 & 0 & 1 \end{bmatrix}$$

拉普拉斯算子如下。

$$\begin{bmatrix} 0 & -1 & 0 \\ -1 & 4 & -1 \\ 0 & -1 & 0 \end{bmatrix}$$

利用拉普拉斯算子进行卷积运算的效果如图6.15所示。

图6.15 利用拉普拉斯算子进行卷积运算的效果

而outline算子如下。

$$\begin{bmatrix} -1 & -1 & -1 \\ -1 & 8 & -1 \\ -1 & -1 & -1 \end{bmatrix}$$

利用outline算子进行卷积运算的效果如图6.16所示。

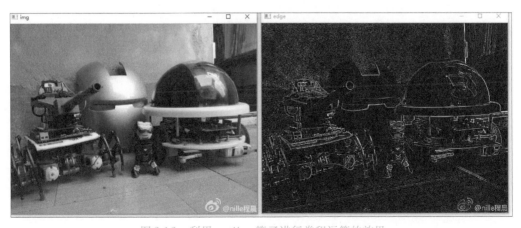

图6.16 利用outline算子进行卷积运算的效果

6.3.3　滤波器

前面说过，目前处理的图像中还存在一定的噪声，为了消除噪声，可以通过一些滤波器进行处理。

这里所说的滤波器可以理解为一种数据处理的方式，应用在图像处理方面就是要在尽量保留图像细节特征的条件下对目标图像的噪声进行抑制，其处理效果的好坏将直接影响到后续图像处理和分析的有效性和可靠性。消除图像中的噪声也被叫作图像的平滑化或滤波操作。

说明：之所以叫"滤波器"这个名字，是因为18世纪的法国数学家傅里叶提出任何波形都可以由一系列简单且频率不同的正弦波曲线叠加而成。这个概念对于操作图像非常有帮助，因为这样可以区分图像中哪些区域的信号变化强，哪些区域的图像变化弱，从而对图像进行处理。而去除噪声的过程也可以理解为滤掉某种波的过程，因此这种方式被称为滤波器。

常用的线性滤波方式有均值滤波（blur()函数）和高斯滤波（GaussianBlur()函数）。

其中均值滤波的主要方法为邻域平均法，即用一片图像区域的各个像素的均值来代替原图像中的各个像素值。一般需要在图像上对目标像素给出一个卷积核，再通过卷积运算用全体像素的平均值来代替原来的像素值。

均值滤波本身存在着固有的缺陷，即它不能很好地保护图像细节，在图像去噪的同时也破坏了图像的细节部分。

应用均值滤波的代码如下。

```
import cv2
import numpy
img = cv2.imread("shankai.jpg")
blur = cv2.blur(img, (5, 5))
cv2.imshow("original", img)
cv2.imshow("blur", blur)
```

运行程序，图像的显示效果如图6.17所示。

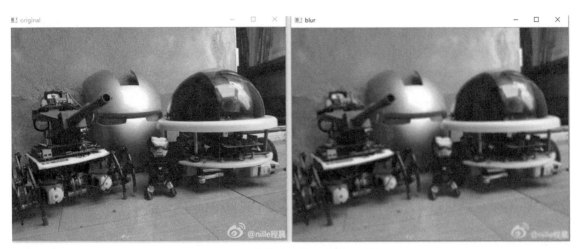

图6.17　均值滤波前后的效果对比

在上面的代码中，blur()函数中的第二个参数(5,5)表示卷积核的大小，卷积核越大，处理后的图片越模糊。

高斯滤波器是一类根据高斯函数的形状来选择权值的线性平滑滤波器。高斯滤波就是对整幅图像进行加权平均的过程，每一个像素的值，都由其本身和邻域内的其他像素值经过加权平均后得到。

高斯模糊技术生成的图像，其视觉效果就像是经过一个半透明屏幕在观察图像。高斯滤波也用于计算机视觉算法中的预处理阶段，以增强图像在不同比例、大小下的图像效果。从数学的角度来看，图像的高斯滤波过程就是图像与正态分布进行卷积运算。由于正态分布又叫作高斯分布，所以这项技术对于抑制高斯噪声非常有效。

产生高斯噪声的主要原因有：

■　图像传感器在拍摄时视场不够明亮、亮度不够均匀；

■　电路各元器件自身噪声和相互影响；

■　图像传感器长期工作，温度过高。

应用高斯滤波的代码如下。

```
import cv2
import numpy
img = cv2.imread("shankai.jpg")
blur = cv2.GaussianBlur(img, (5, 5), 0)
cv2.imshow("original", img)
cv2.imshow("blur", blur)
```

这里 GaussianBlur() 函数比 blur() 函数多了一个参数，这个参数表示高斯核函数在 x 方向的标准偏差。

6.3.4　边缘检测

边缘在人类视觉和计算机视觉中的作用都很大，人类能够仅凭一个剪影就识别出不同的物体。

OpenCV 中的边缘检测一般步骤如下。

（1）滤波：边缘检测算法主要基于图像强度的一阶和二阶导数，但导数通常对噪声很敏感，因此需要采用滤波器来改善边缘检测器的性能。常用的滤波方法有高斯滤波。

（2）增强：增强边缘的基础是确定图像各点邻域强度的变化值。增强算法可以将图像灰度点邻近强度值有显著变化的点凸显出来，通过计算梯度幅值来确定。

（3）检测：通过增强的图像，往往邻域中有很多点的梯度值比较大，在特定应用中，这些点并不是要找的边缘点，所以应该采用某种方法来对这些点进行取舍，常用的方法是通过阈值化方法来检测。

比如我们通过索贝尔算子来进行边缘检测，则可以先对图片进行高斯滤波，然后将图片转换成灰度图像，最后创建水平边缘和垂直边缘并使用或运算符将它们组合起来。对应代码如下。

```
import cv2
import numpy
img = cv2.imread("shankai.jpg")
blur = cv2.GaussianBlur(img, (5, 5), 0)
gray=cv2.cvtColor(blur,cv2.COLOR_BGR2GRAY)
# 进行垂直边缘提取
kernel = numpy.array([[-1, 0, 1],
                      [-2, 0, 2],
                      [-1, 0, 1]], dtype=numpy.float32)
edge_v = cv2.filter2D(gray, -1, kernel)
# 进行水平边缘提取
edge_h = cv2.filter2D(gray, -1, kernel.T)
Bitwise_Or=cv2.bitwise_or(edge_h,edge_v)
# 显示原图
cv2.imshow("original", img)
# 显示高斯滤波后的图
cv2.imshow("blur", blur)
# 显示灰度图
```

```
cv2.imshow("gray", gray)
# 显示边缘检测图片
cv2.imshow('edge',Bitwise_Or)
```

　　运行程序，图像的显示效果如图6.18所示。

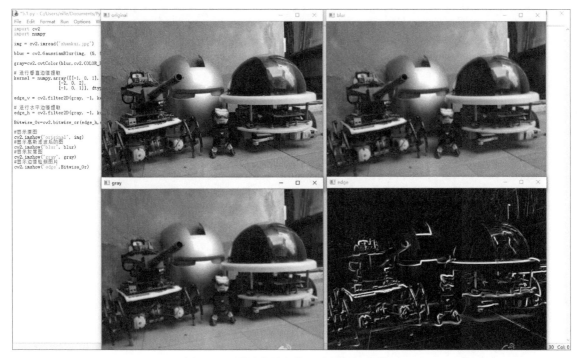

图6.18　通过索贝尔算子来进行边缘检测

　　这里我显示了4张图片，图6.18中左上图为原图，右上图为高斯滤波后的图像，左下图为转换后的灰度图，右下图为边缘检测图片。

　　OpenCV还提供了一个非常方便的Canny边缘检测函数，这个方式非常流行，不仅因为它的检测效果好，还因为它实现起来非常简单，只需要一个Canny()函数即可。尝试在编辑器中输入以下代码。

```
import cv2
import numpy
img = cv2.imread("shankai.jpg")
canny_img = cv2.Canny(img, 100, 200)
cv2.imshow("img", img)
cv2.imshow("canny_img", canny_img)
```

　　运行程序，图像的边缘检测效果如图6.19所示。

图6.19　用Canny()函数进行边缘检测

这里Canny()函数中除了需要转换的图像作为参数，还需要设置两个阈值。

用Canny()函数进行边缘检测可以分为以下5个步骤。

（1）应用高斯滤波来平滑图像，目的是去除噪声。

（2）找寻图像的强度梯度（intensity gradients）。

（3）应用非最大抑制（non-maximum suppression）技术来消除边误检。这一步的目的是将模糊的边界变得清晰。通俗地讲，就是保留了每个像素上梯度强度的极大值，而删掉其他的值。

（4）经过非最大抑制后，图像中仍然有很多噪声。Canny算法中应用了一种叫双阈值的方法来决定可能的边界。即设置一个上限阈值和下限阈值（这就是要在函数中设置的值），图像中的像素的值如果大于上限阈值则认为必然是边界（称为强边界，strong edge），小于下限阈值则认为必然不是边界，在两者之间的则认为是候选项（称为弱边界，weak edge），需进行进一步处理。

（5）利用滞后技术来跟踪边界。这一步操作可以理解为和强边界相连的弱边界认为是边界，其他的弱边界则被抑制。

大家可以尝试调整一下Canny()函数中的两个阈值，看看边缘检测的效果。

6.3.5　直线检测

边缘检测是构成其他复杂操作的基础。比如可以通过对边缘检测的进一步操作来检测图像中可能存在的直线。

霍夫变换（Hough）是从图像中识别几何形状的基本方法之一，应用非常广泛。这里我们也利用霍夫变换来检测图像中的直线。实现变换的原理是将特定图形上的点变换到一组参数空间上，根据参数空间点的累计结果找到一个极大值对应的解，那么这个解就对应着要寻找的几何形状的参数。在 OpenCV 中，我们可通过 HoughLines() 函数（标准霍夫变换）和 HoughLinesP（统计概率霍夫变换）来检测图像中的直线。

标准霍夫变换要求输入一幅含有点集的二值图，通常这是通过 Canny() 函数获得的一幅边缘检测图像。图中一些点互相联系组成直线。统计概率霍夫变换是标准霍夫变换的一个优化版本，它会通过分析点的子集来评估这些点属于一条直线的概率。由于标准霍夫变换输出的直线信息是极坐标系数值（用极角 θ 和极径 r 来表示一段直线），要利用这个数据的话还需要转换，并且统计概率霍夫变换能够检测图像中分段的直线，显示效果更好，因此我们使用 HoughLinesP() 函数来进行直线检测，对应代码如下。

```python
import cv2
import numpy
img = cv2.imread('shankai.jpg')
cv2.imshow('original', img)
edges = cv2.Canny(img, 50, 150)
lines = cv2.HoughLinesP(edges, 1, numpy.pi / 180, 100,
                        minLineLength=60, maxLineGap=5)
for line in lines:
    x1, y1, x2, y2 = line[0]
    cv2.line(img, (x1, y1), (x2, y2), (0, 0, 255), 2)
cv2.imshow("line_detect",img)
```

运行程序显示直线检测效果如图 6.20 所示。

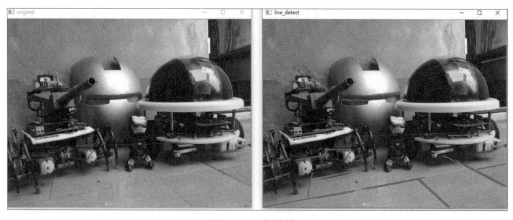

图 6.20　直线检测

上面这段程序，首先通过 Canny() 函数获得边缘检测图像，然后使用统计概率霍夫变换检测直线。其中 HoughLinesP() 函数的第一个参数为要检测的图像，这个图像必须是一个单通道的二值图像（每个色块只有黑和白两种选择），这个图像不一定需要进行 Canny 滤波，但一个经过去噪的图像的输出结果可能会更好一些，因此使用 Canny 滤波就是一个比较常见的操作；函数的第二个参数和第三个参数表示搜索线段的步长和弧度，一般设为 1 和π/180（即一个弧度）；第四个参数表示经过某一点的曲线数量的阈值，超过这个阈值，就表示这个交点在原图像中为一条直线；第五个参数 minLineLength 表示线的最短长度，比这个长度短的线都会被忽略；最后一个参数 maxLineGap 表示两条线之间的最大间隔，如果小于此值，两条线就会被看成一条线。

直线检测完进行之后，再通过 line() 函数绘制检测出的线段。line() 函数的参数分别为所绘制的图像、线段的一个端点、线段的另一个端点、线段的颜色、线段的类型。

6.3.6　圆形检测

圆形检测也是基于边缘检测和霍夫变换实现的，所使用的函数是 HoughCircles()。对应的检测示例代码如下。

```python
import cv2
import numpy
img = cv2.imread('bow1.jpg',cv2.IMREAD_GRAYSCALE)
cv2.imshow('original', img)
blur = cv2.blur(img, (7,7), 0)
circle = cv2.HoughCircles(blur, cv2.HOUGH_GRADIENT, 1, 80, param1=50,
param2=30,
          minRadius=0, maxRadius=80)
if not circle is None:
    # 把 circles 包含的圆心和半径的值变成整数
    circle = numpy.uint16(numpy.around(circle))
    for i in circle[0, :]:
        cv2.circle(img, (i[0], i[1]), i[2], (0, 0, 255), 2)   # 画圆
        cv2.circle(img, (i[0], i[1]), 2, (0, 0, 255), 2)    # 画圆心
cv2.imshow("circle",img)
```

霍夫圆变换的基本原理和霍夫线变换原理类似，只是点对应的极坐标系数值被圆的圆心和半径取代。在标准霍夫圆变换中，原图像经过边缘检测后，图像上任意点会表示为可能经过这个点的所有圆的圆心与半径。对于多个边缘点，如果这些点都对应于同样的圆心与半径，那么就说明这些点在一段曲线上，而当这些曲线在一定阈值范围内能够构成一个圆的话，则我们就可以判断一个圆被检测到。不过由于圆的计算量大大增加，所以标准霍夫圆变换很难被应用到实际中。

OpenCV 实现的是一个比标准霍夫圆变换更为灵活的检测方法——霍夫梯度法，该方

法的运算量相比标准霍夫圆变换的运算量大大减少。其检测原理是依据圆心一定是在圆上每个点的模向量上，这些圆上点模向量的交点就是圆心，霍夫梯度法的第一步就是找到这些圆心。第二步是根据所有候选中心的边缘非 0 像素来确定半径。

　　这里我们换了一张有很多碗的图片 "bowl.jpg"。运行程序后，显示效果如图 6.21 所示。

图 6.21　检测圆形

　　上面程序中的 HoughCircles() 函数在使用上与 HoughLinesP() 函数类似，其第一个参数也是要检测的图像，不过这里这个图像必须是一个 8 位单通道灰度图像，因此导入图片的时候就是以灰度形式打开的，然后经过了均值滤波处理。之后第二个参数表示圆检测方法，目前唯一实现的方法就是 HOUGH_GRADIENT。第三个参数表示累加器与原始图像相比的分辨率的反比参数，如果 dp = 1，则累加器具有与输入图像相同的分辨率；如果 dp=2，累加器分辨率是原始图像分辨率的一半，宽度和高度也缩减为原来的一半。第四个参数表示检测到的两个圆心之间的最小距离，如果参数太小，可能错误地检测到多个相邻的圆圈。如果太大，可能会遗漏一些圆圈。第五个参数 param1 表示 Canny 边缘检测的上限阈值，下限阈值会被自动置为上限阈值的一半。第六个参数 param2 表示圆心检测的累加阈值，参数值越小，可以检测越多的假圆圈，但返回的是与较大累加器值对应的圆圈。第七个参数 minRadius 表示检测到的圆的最小半径。第八个参数 maxRadius 表示检测到的圆的最大半径。

　　圆检测完之后，再通过 circle() 函数绘制检测出的圆以及圆心。circle() 函数的参数分别为所绘制的图像、圆心的坐标、圆的半径、圆的颜色、圆的线条类型。绘制圆心和圆的函数一样，只是圆心的半径很小而已。另外由于原始图片是以灰度色彩空间的形式导入的，所以最后呈现的也是灰度图像。

练习

自己找一些图片，分别进行边缘检测、直线检测与圆形检测。

参考答案

如果使用 Canny() 函数对图片"bowl.jpg"进行边缘检测，则对应的代码如下。

```
import cv2
import numpy
img = cv2.imread("bowl.jpg")
cv2.imshow('original', img)
canny_img = cv2.Canny(img, 100, 200)
cv2.imshow("canny_img", canny_img)
```

运行程序，图像的边缘检测效果如图 6.22 所示。

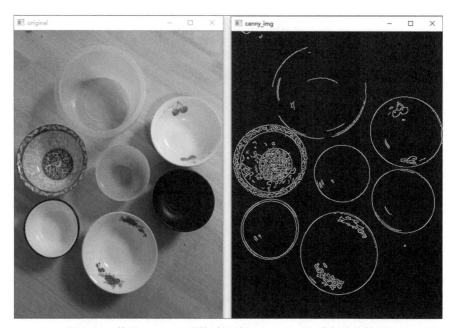

图 6.22　使用 Canny() 函数对图片"bowl.jpg"进行边缘检测

第 7 章　人脸检测

在了解了图像处理与特征检测的内容之后，本章会介绍一下人工智能以及机器学习的概念，并利用已有的机器学习成果实现图像中人脸的检测。

7.1　人工智能和机器学习

7.1.1　什么是人工智能

人工智能这个词实际上是一个概括性术语，是指研究利用计算机来模拟人的某些思维过程和智能行为的学科，涵盖了从高级算法到应用机器人的所有内容。1956年8月，在美国汉诺斯小镇宁静的达特茅斯学院中，约翰·麦卡锡（John McCarthy）、马文·闵斯基（Marvin Minsky）、克劳德·香农（Claude Shannon）、艾伦·纽厄尔（Allen Newell）、赫伯特·西蒙（Herbert Simon）等科学家聚在一起，讨论着用机器来模仿人类学习以及其他方面智能的问题。这次会议足足开了两个月的时间，虽然大家没有达成普遍的共识，但是提出了"人工智能"这一术语，它标志着"人工智能"这门新兴学科的正式诞生。

谈到人工智能，可能大家印象最深刻的还是2016年3月AlphaGo以4∶1的总比分击败围棋世界冠军、职业九段棋手李世石的场景。这是标志着人工智能跨入了一个新阶段的里程碑。而前一个里程碑应该是1997年5月11日"深蓝"击败国际象棋大师卡斯帕罗夫。当时还有很多人说人工智能无法在围棋上击败人类，因为围棋的变化太多了，计算机完成不了这个数量级的计算。虽然在1997年到2016之间，计算机技术依照摩尔定律在突飞猛进地发展，但这并不是新里程碑出现的主要原因。AlphaGo之所以能够击败人类，其实主要是得益于机器学习技术的发展。

7.1.2　什么是机器学习

机器学习从字面上简单理解就是计算机自己学习。"深蓝"当时采用的一套称为专家系统的技术，会把绝大多数的可能性存在计算机当中，当遇到问题的时候，计算机会搜索所有的可能性，然后选择一个最优的路线。这种技术的核心是要预先想好所有可能出现的问题以及对应的解决方法，所以当年的主要工作就是组织专家给出对应问题的解决方法，然后把这些方法按照权重组织在一起形成专家系统。我们现在知道这种技术有很多局限性。一方面，在复杂的应用场景下建立完善的问题库往往是一个非常昂贵且耗时的过程；另一方面，很多基于自然输入的应用，比如语音和图像的识别，很难以人工的方式定义具体的规则。因此现在的人工智能普遍采用的是机器学习的技术，这种技术与专家系统最大的区别就是我们不再告诉计算机可能出现的所有问题以及问题的解决办法了，而是设置一个原则，然后给计算机大量的数据，让计算机自己去学习如何进行决策，由于这个过程是计算机自己学习，所以称为机器学习。可以说机器学习是实现人工智能的一种训练算法的模型，这种算法使得计算机能够学习如何做出决策。

在专家系统中，我们是知道计算机如何工作的。还是以国际象棋举例，对应计算机的工作流程就是检索所有的棋谱，然后选择一个获胜概率最高的走法。这个过程如果没有计算机，换一个普通人也能完成，只是每走一步花的时间要多一些而已，计算机的优势只是速度快。而对于机器学习来说，当计算机学习完毕之后，我们是不知道其对应的思考过程的，即这个过程是人本身完成不了的，无论花多少时间。AlphaGo 还是学习人类的棋谱，而之后的 AlphaGo Zero 完全是自学，它一开始就没有接触过人类的棋谱。研发团队只是让它自由随意地在棋盘上下棋，然后进行自我博弈。最后的结果是在 AlphaGo Zero 面前，AlphaGo 完全不是对手，战绩是 0∶100。

7.2 人工神经网络

7.2.1 什么是人工神经网络

机器学习是目前人工智能的主要研究方向，是使计算机具有智能的途径。机器学习飞速发展的主要原因是科学家开始尝试模拟人类大脑的工作形式。人类思维的功能由大脑皮层执行，大脑皮层含有大约 10^{11} 个神经元，每个神经元又通过神经突触与大约 10^3 个其他神经元相连，形成一个高度复杂、高度灵活的动态网络。通过对人脑神经网络的结构、功能及其工作机制的研究，科学家在计算机中实现了一个人工神经网络（ANN），这是生物神经网络在某种简化意义下的技术复现。作为一门学科，人工神经网络的主要任务是根据生物神经网络的原理和实际应用的需要，利用代码构造实用的人工神经网络模型，设计相应的学习算法，模拟人脑的某种智能活动，然后在技术上实现出来，用以解决实际问题。

人工智能、机器学习、人工神经网络三者的关系如图 7.1 所示。

图 7.1 人工智能、机器学习、人工神经网络三者的关系

　　神经网络算法最早来源于神经生理学家沃伦·麦卡洛克（Warren McCulloch）和数理逻辑学家沃尔特·皮茨（Walter Pitts）联合发表的一篇论文，他们对人类神经运行规律提出了一个猜想，并尝试给出一个模型来模拟人类神经元的运行规律。人工神经网络最初由于求解问题的不稳定以及范围有限而被抛弃，后来由于GPU发展带来的计算能力的提升，人工神经网络获得了爆发式的发展。

　　下面我们通过一些分析来理解和描述一下人工神经网络。首先，人工神经网络是一个统计模型，是数据集S与概率P的对应关系，P是S的近似分布。这也就是说，通过P能够产生一组与S非常相似的结果。这里P并不是一个单独的函数，人工神经网络由大量的节点（或称为神经元）之间相互连接构成，每个节点都代表一种特定的函数，称为激励函数（activation function）。每两个节点间的连接都代表一个对于通过该连接信号的加权值，称为权重，而P就是由所有这些激励函数以及节点之间的权重构成，这相当于人工神经网络的记忆。网络的输出则根据网络的连接方式、权重值和激励函数的不同而不同。而网络自身通常是对自然界某种算法或者函数的逼近，也可能是对一种逻辑策略的表达。

7.2.2　人工神经网络的结构

　　人工神经网络的结构如图7.2所示。

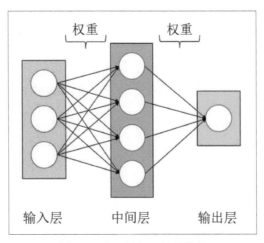

图7.2　人工神经网络的结构

　　简单理解，人工神经网络有3个不同的层：输入层、中间层（或称为隐藏层）和输出层。

　　输入层定义了人工神经网络的输入节点的数量。比如我们希望创建一个神经网络来根据给定的属性判断某种动物属于哪种动物，如果这里提供的属性分别为体重、长度、食草还是食肉、生活在水中还是陆地上、会不会飞这5种，则输入层的节点数量就是5个。

　　输出层是人工神经网络的输出节点的数量。还是以创建一个根据给定的属性判断某种动物属于哪种动物的神经网络，若确定被分类的动物为狗、鹰、海豚这3种动物中的一种，则输出层的节点数量就是3个。如果输入的数据不属于这些3种类别的范畴，网络将返回与这3种动物最相似的类别。

中间层包含了处理信息的节点。中间层可以有很多个，但通常只需要一个中间层。要确定中间层的节点数，有很多的经验性方法，但没有严格的准则。在实际应用中，人们经常会根据经验设置不同的节点数量来测试网络，最后选择一个最适合的方式。

创建神经网络的通常规则如下。

中间层的节点数量应介于输入层节点数量和输出层节点数量之间。根据经验，如果输入层节点数量与输出层节点数量相差很大，则中间层的节点数量最好与输出层的节点数量相近。

同一层的节点没有连接。第 N 层的每个节点都与第（$N-1$）层的所有节点连接，第（$N-1$）层神经元的输出就是第 N 层神经元的输入。每个节点的连接都有一个权值。

对于节点数量相对较小的输入层，中间层的节点数量建议是输入层节点数量和输出层节点数量之和的2/3，或者小于输入层节点数量的2倍。

7.3 监督学习与无监督学习

机器学习既然被称为"学习"，那必然有一个利用数据训练和学习的过程。机器学习大体上可分为监督学习和无监督学习（也叫非监督学习）。简单理解，监督学习就是由人来监督机器学习的过程，而无监督学习就是指人尽量不参与机器学习的过程。

7.3.1 监督学习

监督学习使用的数据都是有输入和预期输出标记的。当我们使用监督学习训练人工智能时，需要提供一个输入并告诉它预期的输出结果。如果产生的输出结果是错误的，就需要重新调整自己的计算。这个过程将在数据集上不断迭代地完成，直到不再出错。

监督学习最典型的例子就是让计算机来识别圆、矩形和三角形。在训练的时候我们会给计算机提供很多带有标记的图片数据，这些标记表示了图片中的图形是圆形还是矩形，又或者是三角形。这些数据被认为是一个训练数据集，等到计算机能够以可接受的速率成功地对图像进行分类之后，训练的过程才算结束。

7.3.2 无监督学习

无监督学习是利用既不分类也不标记的信息进行机器学习，并允许算法在没有指导的情况下对这些信息进行操作。当使用无监督学习训练时，我们可以让人工智能对数据进行逻辑分类。这里机器的任务是根据相似性和差异性对未排序的信息进行分组，而不需要事先对数据进行处理。

如果利用无监督学习来让计算机来识别圆形、矩形和三角形，那么计算机可以根据图形的边数、两条边之间的夹角等特征将相似的对象分到同一个组以完成分类。这叫作"聚类分析"。"聚类分析"是提取此类特征的众所周知的方法。根据数据的特征和关键元素，我们将数据分为未定义的组（集群）。

在聚类中，我们将根据大量数据发现一组相似的特征和属性，而不是根据事先明确的特征对数据进行分类。作为被收集的结果，它可以是圆形的组或三角形组，又或者是矩形的组。但是，人类不可能理解计算机用于分组的特征。聚集这个组的根据可能不是人类对圆形、矩形、三角形的理解。

这种可以从大量数据中找出特征和关键元素的无监督学习，也可以用于商业的趋势分析和未来预测。例如，如果对已购买某物品的用户所购买的下一个物品进行聚类分析，则可以将下一个物品作为"推荐物品"呈现给正在购买某物品的其他人。最近，购物网站通常都有这种 AI 推荐的功能。

还有另一种机器学习方法，称为"强化学习"。像无监督学习一样，强化学习也没有正确答案的标记。这种方式通过反复试错来推进学习。就像一个人学习如何骑自行车一样，强化学习不是简单地知道正确的答案，而是通过反复练习以获取正确的骑行方式。强化学习会通过成功时给予的"奖励"告诉计算机当时的方法是成功的，并使其成为学习的目标。这样的话，为了能更有效率地成功，计算机会自动地学习以提高成功率。

7.3.3　创建并应用人工神经网络

本节会通过下面这个简单的例子来介绍一下如何创建并应用监督学习形式的人工神经网络。

```
import cv2
import numpy
ann = cv2.ml.ANN_MLP_create()
ann.setLayerSizes(numpy.array([7,5,7],dtype = numpy.uint8))
ann.setTrainMethod(cv2.ml.ANN_MLP_BACKPROP)
ann.train(numpy.array([[1.2,1.3,1.9,2.2,2.4,3.0,2.5]],dtype = numpy.float32),
        cv2.ml.ROW_SAMPLE,
        numpy.array([[0,0,0,0,0,1,0]],dtype = numpy.float32))
print(ann.predict(numpy.array([[1.5,2.1,1.8,2.5,2.8,2.1,2.5]],dtype = numpy.float32)))
```

机器学习的应用步骤大致来说分为 3 步：设置学习模型、创建训练数据并进行训练、预测（或识别）。

基于这 3 个步骤，在这段代码的开头，我们首先创建了一个人工神经网络，由于人工神经网络在 OpenCV 的 ml（机器学习）模块中，因此创建人工神经网络的代码为：

```
ann = cv2.ml.ANN_MLP_create()
```

MLP 是 multilayer perceptron（多层感知机，感知机可以简单理解为具有处理机制的节点）的缩写。

接着设置人工神经网络各层的大小以及学习模型。

```
ann.setLayerSizes(numpy.array([7,5,7],dtype = numpy.uint8))
ann.setTrainMethod(cv2.ml.ANN_MLP_BACKPROP)
```

上述代码通过对象的方法 setLayerSizes() 设置了各层的大小，数组中第一个数为输入层的节点数量，这里为 7 个；第二个数为中间层的节点数量，这里是 5 个；第三个数为输出层的节点数量，这里为 7 个。学习模型通过对象的方法 setTrainMethod() 设置，这里采用反向传播算法 cv2.ml.ANN_MLP_BACKPROP。反向传播算法简单理解就是会根据分类误差来改变权重。反向传播算法可分为两个阶段：（1）计算预测误差，并在输入层和输出层两个方向上更新网络；（2）更新相应的权重。

然后进行第二步，创建训练数据并进行训练，对应代码为：

```
ann.train(numpy.array([[1.2,1.3,1.9,2.2,2.4,3.0,2.5]],dtype = numpy.float32),
cv2.ml.ROW_SAMPLE,numpy.array([[0,0,0,0,0,1,0]],dtype = numpy.float32))
```

训练使用对象的方法 train() 进行，训练时需要提供训练的数据以及对应输出的预期标记。由于前面设置的输入层节点数量为 7 个，所以需要提供 7 个输入数据，同时由于输出层节点数量也是 7 个，所以输出的预期标记也是 7 个。

输出的元素为 0 或 1，为 1 表示与输入相关联的类别。

最后一步是进行预测（或识别），这需要使用对象的方法 predict()，对应代码为：

```
print(ann.predict(numpy.array([[1.5,2.1,1.8,2.5,2.8,2.1,2.5]],dtype = numpy.
float32)))
```

预测时需要提供进行预测的数据，这个数据同样也是 7 个。这段代码中通过 print() 函数输出了预测的结果，内容为：

```
(5.0, array([[ 0.19201872, 0.07995541, -0.1728928, 0.1472807, -0.1932555,
1.0411057, -0.1267532 ]], dtype=float32))
```

这意味着输入被预测为类别 5。这只是一个简单的例子，没有实际的意义，但可以测试网络是否能够正常运行。这段代码只提供了一个训练数据，这个训练数据的分类标记就是 5（第一个分类标记为 0，因此 [0,0,0,0,0,1,0] 表示的分类标记就是 5）。

输出的预测结果是一个元组，元组中的第一个值是分类标记，第二个值是一个数组，表示输入的数据属于每个类的概率，其中预测分类的值最大（这里为 1.0411057）。

7.4　人脸检测

了解了以上概念后，我们来实现图像中的人脸检测。

7.4.1　Haar 分类器

当检测到图像中的特征信息之后，通过对这些特征的相对位置和距离进行分析，就能够进一步判断图片中是什么物体，比如椅子、汽车、手机等。这个过程听起来简单，但在实际操作中要复杂得多。

目前的人脸检测方法主要有两大类：基于知识和基于统计。

■　基于知识的方法主要是将人脸看作器官特征的组合，根据眼睛、眉毛、嘴巴、鼻子等器官的特征以及相互之间的几何位置关系来检测人脸。前面描述的那种判断物体的形式就是基于知识的方法。

■　基于统计的方法是将人脸看作一个整体的模式——二维像素矩阵，从统计的观点通过大量人脸图像样本构造人脸模式空间，根据相似度来判断人脸是否存在。

而目前 OpenCV 中的人脸检测就是属于基于统计的方法，使用的是 Haar 分类器。分类器简单理解就是对图像进行分类的算法，对于人脸检测来说就是指对人脸和非人脸进行分类的算法。在人工智能领域，很多算法都是对事物进行分类、聚类的过程。

Haar 分类器的要点如下。

■　使用 Haar-like 小波特征做检测。

■　使用积分图（Integral Image）对 Haar-like 特征求值进行加速。

■　使用 AdaBoost 算法训练区分人脸和非人脸的强分类器。

■　使用筛选式级联把强分类器级联到一起，提高准确率。

Haar 分类器的名字源于其使用的 Haar-like 特征。

Haar-like特征模板内只有白色和黑色两种矩形，并定义该模板的特征值为白色矩形像素和减去黑色矩形像素和。Haar特征值反映了图像的灰度变化情况，应用在人脸检测中，则是认为脸部的一些特征能由矩形特征简单地描述，如眼睛颜色要比脸颊颜色深，鼻梁两侧颜色比鼻梁颜色深，嘴巴颜色比周围颜色深等。得到的值我们暂且称之为人脸特征值，如果你把这个矩形放到一个非人脸区域，那么计算出的特征值应该和人脸特征值是不一样的，而且越不一样越好，所以这些方块的目的就是把人脸特征量化，以区分人脸和非人脸。但矩形特征只对一些简单的图形结构，如边缘、线段较敏感，所以只能描述特定走向（水平、垂直、对角）的结构。

为了增加区分度，可以对多个矩形特征计算得到一个区分度更大的特征值，那么什么样的矩形特征、怎么样组合到一块可以更好地区分出人脸和非人脸呢？这就是AdaBoost算法的工作了。这里我们先跳过积分图这个概念，直接开始介绍AdaBoost算法。

AdaBoost是一种具有一般性的分类器提升算法，它使用的分类器并不局限某一特定算法。AdaBoost算法基于一个名叫PAC的机器学习的模型。PAC学习的实质就是在样本训练的基础上，使算法的输出以概率接近未知的目标概念。PAC学习模型是考虑样本复杂度（指学习器收敛到成功假设时至少所需的训练样本数）和计算复杂度（指学习器收敛到成功假设时所需的计算量）的一个基本框架，成功的学习被定义为形式化的概率理论。简单说来，PAC学习模型不要求你每次都正确，只要能在多项式样本和多项式时间内得到满足需求的正确率，就算是一个成功的学习。同时PAC学习模型中还有一个理论，那就是只要有足够的数据进行训练，就能提高一种算法的识别率。因此，只要有足够的数据进行训练，AdaBoost算法就能够更好地区分出人脸和非人脸。

通过AdaBoost算法训练出来的分类器识别率越来越高，不过在实际的人脸检测中，只靠一个分类器还是难以保证检测的正确率，这个时候，就需要多个训练好的分类器级联，形成正确率很高的级联分类器，这就是我们最终的Haar分类器。

Haar分类器在检测的时候，会以现实中的一幅大图片作为输入，然后对图片中进行多区域、多尺度的检测。所谓多区域，是要将图片划分成多块，对每个块进行检测。由于训练的时候用的照片一般是20像素×20像素左右的小图片，所以对于大的人脸，还需要进行多尺度的检测。多尺度检测机制一般有两种策略，一种是不改变搜索窗口的大小，而不断缩放图片，这种方法显然需要对每个缩放后的图片进行区域特征值的运算，效率不高；而另一种方法，是不断将搜索窗口大小初始化为训练时的图片大小，不断扩大搜索窗口，进行搜索，解决了第一种方法存在的问题。在区域放大的过程中会出现同一个人脸被多次检测的情况，还需要进行区域的合并。无论哪种搜索方法，都会为输入图片输出大量的子窗口图像，这些子窗口图像经过筛选式级联分类器，会不断地被每一个节点筛选（抛弃或通过）。

了解了Haar分类器整体的工作流程之后，我们再回过头来看一下积分图。积分图是Haar分类器能够实时检测人脸的保证。在前面的内容中，我们看到无论是训练还是检测，每遇到一个图片样本，每遇到一个子窗口图像，Haar分类器都面临着如何计算当前子图像特征值的问题，一个Haar-like特征在一个窗口中怎样排列能够更好地体现人脸的特征，这是未知的，所以才要训练，而训练之前，我们只能通过排列组合穷举所有这样的特征，这样的计算量是非常大的。而积分图就是只遍历一次图像就可以求出图像中所有区域像素和的快速算法，大大地提高了图像特征值计算的效率。

7.4.2 Haar分类器训练的步骤

从上面所述内容中，我们可以知道要想实现人脸识别，需要使用专门的分类器，而分类器是由机器学习模型通过大量的数据训练出来的。对于Haar分类器来说，其训练的过程有5个步骤（其他分类器的训练步骤与此类似）。

（1）准备人脸、非人脸样本集。

（2）计算特征值和积分图。

（3）筛选出T个优秀的特征值。

（4）把T个分类器传给AdaBoost进行训练。

（5）级联。

7.4.3 获取Haar分类器

Haar特征分类器是一个XML文件，文件描述了被检测物体的Haar特征值。在OpenCV 3的文件夹下有一个data文件夹，其中包含了所有OpenCV的人脸检测XML文件，如图7.3所示。这些文件可用于检测静态图像、视频以及摄像头所得到图像中的人脸。

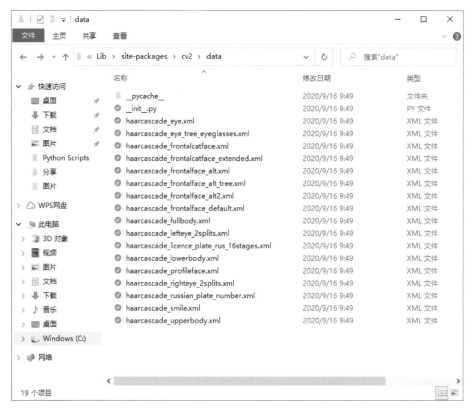

图 7.3　OpenCV 3 的文件夹下有一个 data 文件夹，文件夹中包含了所有 OpenCV 的人脸检测 XML 文件

　　通过文件名能够知道这些文件可用于人脸、眼睛、嘴的检测。我们可以将需要的文件复制到程序文件的相同目录下。

7.4.4　使用 OpenCV 进行人脸检测

　　使用 OpenCV 进行人脸检测首先需要通过 CascadeClassifier() 函数加载 Haar 分类器，该函数的参数就是对应的训练好的 XML 文件，如果检测正脸的话，则加载 Haar 分类器的代码如下。

```
classfier = cv2.CascadeClassifier("haarcascade_frontalface_default.xml")
```

　　说明：这里我将需要的文件 haarcascade_frontalface_default.xml 复制到了程序文件的相同目录下。

　　该函数会返回一个 Haar 分类器对象，接着就可以在程序中使用对象的方法 detectMultiScale() 进行人脸识别了。对应的人脸检测示例代码如下。

```
import cv2
import numpy
```

```
img = cv2.imread("face.jpg")
grey = cv2.cvtColor(img, cv2.COLOR_BGR2GRAY)
classfier = cv2.CascadeClassifier("haarcascade_frontalface_default.xml")
faceRects = classfier.detectMultiScale(grey, scaleFactor=1.1, minNeighbors=3,
minSize=(32, 32))
for faceRect in faceRects: # 单独框出每一张人脸
    x, y, w, h = faceRect
    cv2.rectangle(img, (x , y), (x + w, y + h), (255, 0, 0), 2)
cv2.imshow("Faces",img)
```

这里我换了一张我本人的照片"face.jpg"。运行程序后，显示效果如图7.4所示。

图7.4　人脸检测效果

　　程序中，detectMultiScale()方法的第一个参数是要检测的图像，这里这个图像也必须是一个8位单通道灰度图像。之后第二个参数scaleFactor表示每一个图像尺度中的尺度参数，默认值为1.1，这个参数可以决定两个不同大小的窗口扫描之间有多大的跳跃，这个参数设置得大，则意味着计算会快，但如果窗口错过了某个大小的人脸，则可能错过人脸。第三个参数minNeighbors表示最少的重叠检测，默认为3，表明至少有3次重叠检测，我们才认为检测到人脸。最后一个参数表示寻找人脸的最小区域。

　　检测完人脸之后，再通过rectangle()函数绘制一个矩形来标示出检测到的人脸。rectangle()函数的参数和line()函数的参数类似，分别为所绘制的图像、矩形左上角的坐标、矩形右下角的坐标、矩形框的颜色、矩形框的宽度。

检测出人脸之后，还可以在人脸范围内检测眼睛，对应代码如下。

```
import cv2
import numpy
img = cv2.imread("face.jpg")
grey = cv2.cvtColor(img, cv2.COLOR_BGR2GRAY)
classfier = cv2.CascadeClassifier("haarcascade_frontalface_default.xml")
eye_classfier = cv2.CascadeClassifier("haarcascade_eye.xml")
faceRects = classfier.detectMultiScale(grey, scaleFactor=1.2, minNeighbors=3,
minSize=(32, 32))
for faceRect in faceRects:
    x, y, w, h = faceRect
    cv2.rectangle(img, (x, y), (x + w, y + h), (0, 255, 255), 2)
    #人脸区域
    face_img = grey[y:y+h, x:w+x]
    eyes = eye_classfier.detectMultiScale(face_img, scaleFactor=1.1,
minNeighbors=4, minSize=(30, 30))
    for ex, ey, ew, eh in eyes:
        cv2.rectangle(img, (x+ex, y+ey), (x+ex+ew, y+ey+eh), (255, 0, 0), 2)
cv2.imshow("Faces",img)
```

程序中，检测眼睛的时候只查看人脸部分的图像。运行程序后，显示效果如图7.5所示。

图7.5　检测眼睛

练习

检测出来眼睛之后，我们来完成一个有趣的修改，将图中的眼睛变成卡通形式的。

参考答案

这个卡通眼睛可以通过绘制圆形的函数来完成，即绘制一个白色的圆，在它里面再绘制一个黑色的圆，具体实现是用以下代码：

```
cv2.circle(img, (x+ex+ew//2, y+ey+eh//2), 20, (255, 255, 255), -1)
cv2.circle(img, (x+ex+ew//2, y+ey+eh//2), 8, (0, 0, 0), -1)
```

替换之前代码中绘制眼睛外围蓝色框的代码：

```
cv2.rectangle(img, (x+ex, y+ey), (x+ex+ew, y+ey+eh), (255, 0, 0), 2)
```

修改之后的显示效果如图7.6所示。

图7.6　将图像中的眼睛换成卡通形式的眼睛

第 8 章　手写数字识别

通过第 7 章的内容，我们已经了解了人工智能以及机器学习的概念，并利用训练好的分类器实现了人脸检测。本章我们将进一步通过手写数字识别的例子来了解一下分类器的训练过程。

8.1　scikit-learn

scikit-learn 简称为 sklearn，是机器学习领域中最知名的 Python 模块之一。scikit-learn 主要是用 Python 编写的，并且广泛使用 Numpy 模块进行高性能的线性代数和数组运算，具有机器学习所需的回归、分类、聚类等算法。scikit-learn 的官方网站（见图 8.1）有很多机器学习的例子，是学习 scikit-learn 最好的平台。

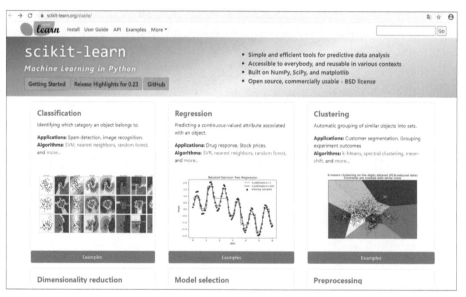

图 8.1　scikit-learn 的官方网站

scikit-learn 模块也是由第三方提供的，因此使用之前需要先安装。在 Windows 中打开 cmd 命令行工具，然后在其中输入：

```
pip install -U scikit-learn
```

说明：-U 表示升级，不带 U 不会装新版本，带上 U 会更新到最新版本。

scikit-learn 安装完成后如图 8.2 所示。

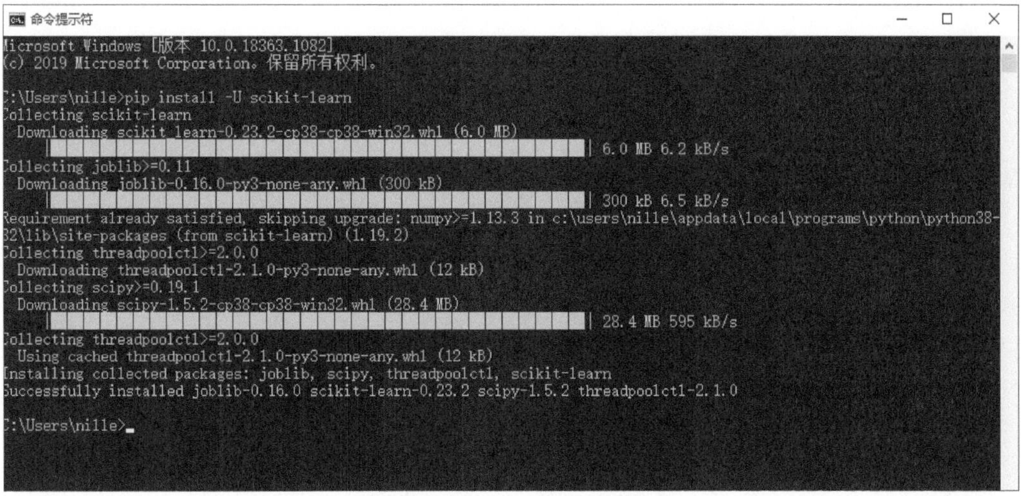

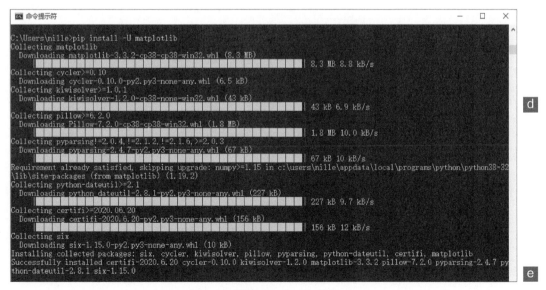

图 8.2　安装 scikit-learn

scikit-learn 与许多其他 Python 库很好地集成在一起，安装 scikit-learn 的时候还会顺带安装一些其他的模块。不过这里还是要额外安装一个模块——matplotlib，使用这个模块可以在图形中显示计算结果。

要安装 matplotlib 模块，可以在 cmd 命令行工具中输入：

```
pip install -U matplotlib
```

安装 matplotlib 模块时显示的内容比较多，如图 8.3 所示。

图 8.3　安装 matplotlib 模块

模块安装完之后，我们来尝试制作一个简单的折线图。基本过程就是先导入matplotlib.pyplot，接着使用plot()函数的参数指定x轴和y轴，并使用show()函数显示数据。比如这里给x轴传递月份名称"Jan""Feb""Mar""Apr"和"May"，同时给y轴传递一些适当的数字以显示每个月的数字变化曲线。相应的操作如下。

```
>>> import matplotlib.pyplot as plt
>>> x = ['Jan', 'Feb', 'Mar', 'Apr', 'May']
>>> y = [100, 200, 150, 240, 300]
>>> plt.plot(x,y)
[<matplotlib.lines.Line2D object at 0x1520AB20>]
>>> plt.show()
```

最后显示的图像如图8.4所示。

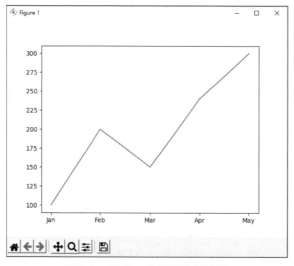

图8.4　制作一个简单的折线图

这是一个新打开的窗口，窗口中还有一些操作按钮，可以缩放显示以及更改格式。如果想利用matplotlib模块显示图片4.jpg的数据，则可以尝试运行以下代码。

```
import cv2
import numpy
import matplotlib.pyplot as plt
img = cv2.imread("4.jpg")
plt.imshow(img)
plt.show()
```

代码运行效果如图8.5所示。

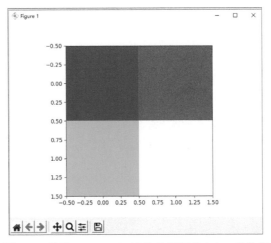

图 8.5 利用 matplotlib 模块显示图片 4.jpg 的数据

注意图 8.5 与图 6.3 中显示的色块位置不一样，图 6.3 中左上角的颜色为红色，右上角的颜色为蓝色，而这里左上角的颜色为蓝色，右上角的颜色为红色。

出现蓝色和红色位置互换这个情况的原因是利用 cv2 模块的 imread() 函数读入的图像的色彩空间默认为 BGR，而通过 plt.imshow() 函数显示的图像的默认色彩空间为 RGB。如果我们希望修正图 8.5 的显示，一个方法是将 img 的色彩空间由 BGR 转换为 RGB，另一个方法是使用 matplotlib 模块的 imread() 函数，对应代码如下。

```
import matplotlib.pyplot as plt
img = plt.imread("4.jpg")
plt.imshow(img)
plt.show()
```

代码运行效果如图 8.6 所示。

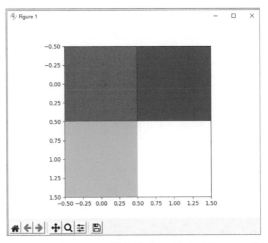

图 8.6 利用 matplotlib 模块读取并显示图片 4.jpg 的数据

8.2 手写文字的图像识别

scikit-learn 本身就有很多数据库，可以用来练习。现在，让我们尝试完成一个机器学习的分类器训练过程。

8.2.1 检查数据内容

本节将创建一个手写文字的图像识别程序，使用的当然是scikit-learn中的数据。这些数据由数字化的手写数字图像数据和附加在每个图像上的标签数据组成，是可用于监督学习的数据集。原始数据以"MNIST"名称发布，scikit-learn提供了一个简化版本。详情请参照scikit-learn的网站，如图8.7所示。

图8.7　scikit-learn网站上手写数字数据的说明

下面首先来检查一下digits数据集的内容。让我们在IDLE中进行简单操作。

第一步是导入sklearn.datasets模块并使用load_digits()函数加载它，之后使用dir()函数查看其包含的数据，操作如下。

```
>>> from sklearn.datasets import load_digits
>>> digits = load_digits()
>>> dir(digits)
['DESCR', 'data', 'feature_names', 'frame', 'images', 'target', 'target_
names']
>>>
```

这里可以看到digits数据集由5个元素组成。其中，DESCR是说明，data是特征量，

images是8像素×8像素的图像，target是正确答案数据，target_names是正确答案的字符（数字类型）。

特征量（data）是一个NumPy多维数组，我们可以使用shape属性检查它的维数，操作如下。

```
>>> digits.data.shape
(1797, 64)
>>>
```

由此可见，其中包含了1797个8×8的特征量数据。这1797个正确答案的标签（0～9）位于target中。如果要查看它们的值，可以进行以下操作。

```
>>> digits.target
array([0, 1, 2, ..., 8, 9, 8])
>>>
```

通过显示可以看到第一个正确的答案数据是0，第二个是1，第三个是2，依此类推。这里显示的时候中间的数据被省略了。

我们首先查看数据0。64个像素（8像素×8像素）大小的图像在images中，其特征量在data中，因此可以通过指定序列号0来检查每项的内容，操作如下。

```
>>> digits.images[0]
array([[ 0.,  0.,  5., 13.,  9.,  1.,  0.,  0.],
       [ 0.,  0., 13., 15., 10., 15.,  5.,  0.],
       [ 0.,  3., 15.,  2.,  0., 11.,  8.,  0.],
       [ 0.,  4., 12.,  0.,  0.,  8.,  8.,  0.],
       [ 0.,  5.,  8.,  0.,  0.,  9.,  8.,  0.],
       [ 0.,  4., 11.,  0.,  1., 12.,  7.,  0.],
       [ 0.,  2., 14.,  5., 10., 12.,  0.,  0.],
       [ 0.,  0.,  6., 13., 10.,  0.,  0.,  0.]])
>>> digits.data[0]
array([ 0., 0., 5., 13., 9., 1., 0., 0., 0., 0., 13., 15., 10.,
       15., 5., 0., 0., 3., 15., 2., 0., 11., 8., 0., 4.,
       12., 0., 0., 8., 8., 0., 0., 5., 8., 0., 0., 9., 8.,
       0., 0., 4., 11., 0., 1., 12., 7., 0., 0., 2., 14., 5.,
       10., 12., 0., 0., 0., 0., 6., 13., 10., 0., 0., 0.])
>>>
```

如果将显示的结果相互比较，就会发现两者的数字是相同的。两者的差异是一个是二维数组，一个是一维数组。如果将digits.images[0]的数据变成一维的数据，则完全与digits.data[0]相同。

此外，通过之前介绍的matplotlib模块，可以在另一个窗口中显示这个图像。按顺序执行以下代码。

```
>>> import matplotlib.pyplot as plt
>>> plt.imshow(digits.images[0], cmap=plt.cm.gray_r)
<matplotlib.image.AxesImage object at 0x163C86B8>
>>> plt.show()
```

这里是以灰度值读取digits数据集的第一个图像数据，对应的显示内容如图8.8所示。

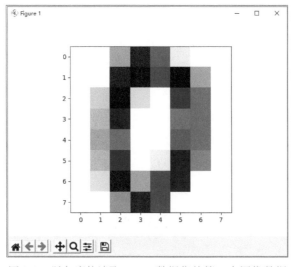

图8.8　以灰度值读取digits数据集的第一个图像数据

8.2.2　创建训练和评估数据

接下来，要将digits数据集分为"训练用的"和"评估用的"。虽然可以使用所有数据进行机器学习，但是这样就需要另外准备用来评估（测试）完成的学习模型的数据。因此，可以将已经读取的1797个数据分为训练数据和评估数据，通过训练数据进行训练学习，通过评估数据评估学习结果。

分割数据可以使用sklearn.model_selection模块的train_test_split()函数，对应操作如下。

```
>>> from sklearn.model_selection import train_test_split
>>> X_train, X_test, y_train, y_test = train_test_split(digits['data'],
digits['target'], test_size=0.3, random_state=0)
>>>
```

这样就打乱了1797个数据，并将其中的30%划分为评估用的数据，而将其余的划分为训练用的数据。这里第二行代码在书上分成了两行，但其实是一行。分配比例是由"test_ size = 0.3"这部分决定的,而random_state设置的是随机数的种子。digits.data中用于训练的数据保存在X_train中,用于评估的数据保存在X_test中;而digits.target中用于训练的数据保存在y_train中,用于评估的数据保存在y_test中。

8.2.3　机器学习的训练

训练用的数据已经准备好了,那就开始进行机器学习吧! scikit-learn中有许多机器学习对象。这次,我们将使用MLPClassifier对象来生成机器学习模型。

MLPClassifier对象由被称为多层感知器(MLP)的方法实现,并使用MLPClassifier()函数创建。 MLPClassifier()函数具有许多参数,但是如果只是想先尝试一下的话则可以将所有参数保留为默认值。不过默认的max_iter(最大尝试次数)的值太小了,所以最好在参数中将其值设为1000。执行以下操作进行机器学习。

```
>>> from sklearn.neural_network import MLPClassifier
>>> mlpc = MLPClassifier(max_iter=1000)
>>> mlpc.fit(X_train, y_train)
MLPClassifier(max_iter=1000)
>>>
```

说明:由于学习在后台直接进行了,所以这里看不到详细的学习信息。

8.2.4　机器学习的评估

学习完毕之后,就需要来看一下学习的成果了。首先,让学习模型判断要评估的特征量数据(X_test)。为此,执行以下代码。

```
pred = mlpc.predict(X_test)
```

现在,所有评估图像数据的识别结果都以数组的形式存储在了pred中。我们可以输入pred并下回车键来查看数据内容,如下所示。

```
>>> pred
array([2, 8, 2, 6, 6, 7, 1, 9, 8, 5, 2, 8, 6, 6, 6, 6, 1, 0, 5, 8, 8, 7,
       8, 4, 7, 5, 4, 9, 2, 9, 4, 7, 6, 8, 9, 4, 3, 1, 0, 1, 8, 6, 7, 7,
       1, 0, 7, 6, 2, 1, 9, 6, 7, 9, 0, 0, 9, 1, 6, 3, 0, 2, 3, 4, 1, 9,
       7, 6, 9, 1, 8, 3, 5, 1, 2, 8, 2, 2, 9, 7, 2, 3, 6, 0, 9, 3, 7, 5,
       1, 2, 9, 9, 3, 1, 4, 7, 4, 8, 5, 8, 5, 5, 2, 5, 9, 0, 7, 1, 4, 7,
       3, 4, 8, 9, 7, 9, 8, 2, 1, 5, 2, 5, 9, 4, 1, 7, 0, 6, 1, 5, 5, 9,
       9, 5, 9, 9, 5, 7, 5, 6, 2, 8, 6, 7, 6, 1, 5, 1, 5, 9, 9, 1, 5, 3,
       6, 1, 8, 9, 8, 7, 6, 7, 6, 5, 6, 0, 8, 8, 9, 8, 6, 1, 0, 4, 1, 6,
       3, 8, 6, 7, 4, 9, 6, 3, 0, 3, 3, 3, 0, 7, 7, 5, 7, 8, 0, 7, 8, 9,
```

```
       6, 4, 5, 0, 1, 4, 6, 4, 3, 3, 0, 9, 5, 9, 2, 1, 4, 2, 1, 6, 8, 9,
       2, 4, 9, 3, 7, 6, 2, 3, 3, 1, 6, 9, 3, 6, 3, 2, 2, 0, 7, 6, 1, 1,
       9, 7, 2, 7, 8, 5, 5, 7, 5, 2, 8, 7, 2, 7, 5, 5, 7, 0, 9, 1, 6, 5,
       9, 7, 4, 3, 8, 0, 3, 6, 4, 6, 3, 2, 6, 8, 8, 8, 4, 6, 7, 5, 2, 4,
       5, 3, 2, 4, 6, 9, 4, 5, 4, 3, 4, 6, 2, 9, 0, 1, 7, 2, 0, 9, 6, 0,
       4, 2, 0, 7, 9, 8, 5, 4, 8, 2, 8, 4, 3, 7, 2, 6, 9, 1, 5, 1, 0, 8,
       2, 4, 9, 5, 6, 8, 2, 7, 2, 1, 5, 1, 6, 4, 5, 0, 9, 4, 1, 1, 7, 0,
       8, 9, 0, 5, 4, 3, 8, 8, 6, 5, 3, 4, 4, 4, 8, 8, 7, 0, 9, 6, 3, 5,
       2, 3, 0, 8, 8, 3, 1, 3, 3, 0, 0, 4, 6, 0, 7, 7, 6, 2, 0, 4, 4, 2,
       3, 7, 8, 9, 8, 6, 9, 5, 6, 2, 2, 3, 1, 7, 7, 8, 0, 3, 3, 2, 1, 5,
       5, 9, 1, 3, 7, 0, 0, 7, 0, 4, 5, 9, 3, 3, 4, 3, 1, 8, 9, 8, 3, 6,
       2, 1, 6, 2, 1, 7, 5, 5, 1, 9, 2, 9, 9, 7, 2, 1, 4, 9, 3, 2, 6, 2,
       5, 9, 6, 5, 8, 2, 0, 7, 8, 0, 5, 8, 4, 1, 8, 6, 4, 3, 4, 2, 0, 4,
       5, 8, 3, 9, 1, 8, 3, 4, 5, 0, 8, 5, 6, 3, 0, 6, 9, 1, 5, 2, 2, 1,
       9, 8, 4, 3, 3, 0, 7, 8, 8, 1, 1, 3, 5, 5, 8, 4, 9, 7, 8, 4, 4, 9,
       0, 1, 6, 9, 3, 6, 1, 7, 0, 6, 2, 9])
>>>
```

另一方面，用于评估的正确答案数据存储在 y_test 中，我们可以键入 y_test 并按下回车键来查看正确答案的数据内容，操作如下。

```
>>> y_test
array([2, 8, 2, 6, 6, 7, 1, 9, 8, 5, 2, 8, 6, 6, 6, 6, 1, 0, 5, 8, 8, 7,
       8, 4, 7, 5, 4, 9, 2, 9, 4, 7, 6, 8, 9, 4, 3, 1, 0, 1, 8, 6, 7, 7,
       1, 0, 7, 6, 2, 1, 9, 6, 7, 9, 0, 0, 5, 1, 6, 3, 0, 2, 3, 4, 1, 9,
       2, 6, 9, 1, 8, 3, 5, 1, 2, 8, 2, 2, 9, 7, 2, 3, 6, 0, 5, 3, 7, 5,
       1, 2, 9, 9, 3, 1, 7, 7, 4, 8, 5, 8, 5, 5, 2, 5, 9, 0, 7, 1, 4, 7,
       3, 4, 8, 9, 7, 9, 8, 2, 6, 5, 2, 5, 8, 4, 8, 7, 0, 6, 1, 5, 9, 9,
       9, 5, 9, 9, 5, 7, 5, 6, 2, 8, 6, 9, 6, 1, 5, 1, 5, 9, 9, 1, 5, 3,
       6, 1, 8, 9, 8, 7, 6, 7, 6, 5, 6, 0, 8, 8, 9, 8, 6, 1, 0, 4, 1, 6,
       3, 8, 6, 7, 4, 5, 6, 3, 0, 3, 3, 3, 0, 7, 7, 5, 7, 8, 0, 7, 8, 9,
       6, 4, 5, 0, 1, 4, 6, 4, 3, 3, 0, 9, 5, 9, 2, 1, 4, 2, 1, 6, 8, 9,
       2, 4, 9, 3, 7, 6, 2, 3, 3, 1, 6, 9, 3, 6, 3, 2, 2, 0, 7, 6, 1, 1,
       9, 7, 2, 7, 8, 5, 5, 7, 5, 2, 3, 7, 2, 7, 5, 5, 7, 0, 9, 1, 6, 5,
       9, 7, 4, 3, 8, 0, 3, 6, 4, 6, 3, 2, 6, 8, 8, 8, 4, 6, 7, 5, 2, 4,
       5, 3, 2, 4, 6, 9, 4, 5, 4, 3, 4, 6, 2, 9, 0, 1, 7, 2, 0, 9, 6, 0,
       4, 2, 0, 7, 9, 8, 5, 4, 8, 2, 8, 4, 3, 7, 2, 6, 9, 1, 5, 1, 0, 8,
       2, 1, 9, 5, 6, 8, 2, 7, 2, 1, 5, 1, 6, 4, 5, 0, 9, 4, 1, 1, 7, 0,
       8, 9, 0, 5, 4, 3, 8, 8, 6, 5, 3, 4, 4, 4, 8, 8, 7, 0, 9, 6, 3, 5,
       2, 3, 0, 8, 3, 3, 1, 3, 3, 0, 0, 4, 6, 0, 7, 7, 6, 2, 0, 4, 4, 2,
       3, 7, 8, 9, 8, 6, 8, 5, 6, 2, 2, 3, 1, 7, 7, 8, 0, 3, 3, 2, 1, 5,
       5, 9, 1, 3, 7, 0, 0, 7, 0, 4, 5, 9, 3, 3, 4, 3, 1, 8, 9, 8, 3, 6,
       2, 1, 6, 2, 1, 7, 5, 5, 1, 9, 2, 8, 9, 7, 2, 1, 4, 9, 3, 2, 6, 2,
```

```
       5, 9, 6, 5, 8, 2, 0, 7, 8, 0, 5, 8, 4, 1, 8, 6, 4, 3, 4, 2, 0, 4,
       5, 8, 3, 9, 1, 8, 3, 4, 5, 0, 8, 5, 6, 3, 0, 6, 9, 1, 5, 2, 2, 1,
       9, 8, 4, 3, 3, 0, 7, 8, 8, 1, 1, 3, 5, 5, 8, 4, 9, 7, 8, 4, 4, 9,
       0, 1, 6, 9, 3, 6, 1, 7, 0, 6, 2, 9])
>>>
```

如果从头开始比较这两个数组，就可以确认答案是否正确。可以输入 (pred == y_test) 进行检查，操作如下。

```
>>> (pred == y_test)
array([ True,  True,  True,  True,  True,  True,  True,  True,  True,
        True,  True,  True,  True,  True,  True,  True,  True,  True,
        True,  True,  True,  True,  True,  True,  True,  True,  True,
        True,  True,  True,  True,  True,  True,  True,  True,  True,
        True,  True,  True,  True,  True,  True,  True,  True,  True,
        True,  True, False,  True,  True,  True,  True,  True,  True,
        True,  True,  True, False,  True,  True,  True,  True,  True,
        True,  True,  True,  True,  True,  True,  True,  True,  True,
        True,  True,  True, False,  True,  True,  True,  True,  True,
        True,  True,  True,  True, False,  True,  True,  True,  True,
        True,  True,  True,  True,  True,  True,  True,  True,  True,
        True,  True,  True,  True,  True,  True,  True,  True,  True,
        True, False,  True,  True,  True, False,  True, False,  True,
        True,  True,  True,  True, False,  True,  True,  True,  True,
        True,  True,  True,  True,  True,  True,  True,  True, False,
        True,  True,  True,  True,  True,  True,  True,  True,  True,
        True,  True,  True,  True,  True,  True,  True,  True,  True,
        True,  True,  True,  True,  True,  True,  True,  True,  True,
        True,  True,  True,  True,  True,  True,  True,  True,  True,
        True, False,  True,  True,  True,  True,  True,  True,  True,
        True,  True,  True,  True,  True,  True,  True,  True,  True,
        True,  True,  True,  True,  True,  True,  True,  True,  True,
        True,  True,  True,  True,  True,  True,  True,  True,  True,
        True,  True,  True,  True,  True,  True,  True,  True,  True,
        True,  True,  True,  True,  True,  True,  True,  True,  True,
        True,  True,  True,  True,  True,  True,  True,  True,  True,
       False,  True,  True,  True,  True,  True,  True,  True,  True,
        True,  True,  True,  True,  True,  True,  True,  True,  True,
        True,  True,  True,  True,  True,  True,  True,  True,  True,
        True,  True,  True,  True,  True,  True,  True,  True,  True,
        True,  True,  True,  True,  True,  True,  True,  True,  True,
```

```
        True,  True,  True,  True,  True,  True,  True,  True,  True,
        True,  True,  True,  True,  True,  True,  True,  True,  True,
        True,  True,  True,  True,  True,  True,  True,  True,  True,
        True,  True,  True,  True,  True,  True,  True, False,  True,
        True,  True,  True,  True,  True,  True,  True,  True,  True,
        True,  True,  True,  True,  True,  True,  True,  True,  True,
        True,  True,  True,  True,  True,  True,  True,  True,  True,
        True,  True,  True,  True,  True,  True,  True,  True,  True,
       False,  True,  True,  True,  True,  True,  True,  True,  True,
        True,  True,  True,  True,  True,  True,  True,  True,  True,
        True,  True,  True,  True,  True,  True, False,  True,  True,
        True,  True,  True,  True,  True,  True,  True,  True,  True,
        True,  True,  True,  True,  True,  True,  True,  True,  True,
        True,  True,  True,  True,  True,  True,  True,  True,  True,
        True,  True,  True,  True,  True,  True,  True,  True,  True,
        True,  True,  True,  True,  True,  True,  True,  True,  True,
        True, False,  True,  True,  True,  True,  True,  True,  True,
        True,  True,  True,  True,  True,  True,  True,  True,  True,
        True,  True,  True,  True,  True,  True,  True,  True,  True,
        True,  True,  True,  True,  True,  True,  True,  True,  True,
        True,  True,  True,  True,  True,  True,  True,  True,  True,
        True,  True,  True,  True,  True,  True,  True,  True,  True,
        True,  True,  True,  True,  True,  True,  True,  True,  True,
        True,  True,  True,  True,  True,  True,  True,  True,  True])
>>>
```

这会将对识别结果（pred）与正确答案（y_test）进行比较的结果显示为由"True"和"False"组成的数组。其中"False"表示识别结果与正确答案不一致。

作为参考，可以试着显示一下不正确的图像。这需要找出上面这个数组中False元素出现的序列号。enumerate()函数可以同时获得数组序列号和元素，因此我们可以使用这个函数和for语句按顺序进行查找，具体操作如下。

```
>>> for i,p in enumerate(pred == y_test):
            if p == False:
                print(" 正确的数字为：")
                print(y_test[i])
                print(" 识别出的数字为：")
                print(pred[i])
                img = numpy.reshape(X_test[i],(8, 8))
```

```
                    plt.imshow(img, cmap=plt.cm.gray_r)
                    plt.show()
                    break
正确的数字为:
5
识别出的数字为:
9
<matplotlib.image.AxesImage object at 0x14BBDC70>
```

这段程序首先找到错误答案数据的序列号，接着会显示正确的数字以及识别出的数字，然后将与该序列号对应的"X_test"数据转换为8×8的二维数组，如前面提到的，X_test的特征量数据与一维化的图像数据相同，如果将这个操作反过来，就可以生成图像数据。这里能看到正确的数字是5，但识别出来是9，如图8.9所示。

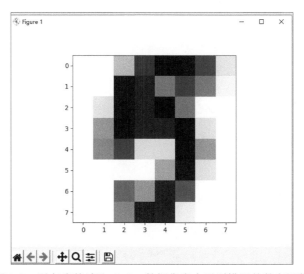

图8.9　以灰度值读取digits数据集当中识别错误的数字图像

另外，我们还可以评估整体的识别准确性。具体操作是将识别结果与正确答案进行比较，比较的结果是由True和False组成的，而True的值就是1，False的值就是0，因此将所有的1和0相加，再除以数据的个数，就能得到对应的正确率。这个操作可以使用计算平均值的mean()函数来实现，具体操作如下。

```
>>> numpy.mean(pred == y_test)
0.9722222222222222
>>>
```

这里能看到，正确率约为97.2%。

我们还可以进一步找出错误答案都是把具体的数字错认成了什么数字，这可以使用

sklearn.metrics模块中的confusion_matrix()函数来查看具体操作如下。

```
>>> from sklearn.metrics import confusion_matrix
>>> confusion_matrix(y_test, pred, labels=digits['target_names'])
array([[45,  0,  0,  0,  0,  0,  0,  0,  0,  0],
       [ 0, 51,  0,  0,  1,  0,  0,  0,  0,  0],
       [ 0,  0, 52,  0,  0,  0,  0,  1,  0,  0],
       [ 0,  0,  0, 52,  0,  0,  0,  0,  2,  0],
       [ 0,  0,  0,  0, 48,  0,  0,  0,  0,  0],
       [ 0,  0,  0,  0,  0, 54,  0,  0,  0,  3],
       [ 0,  1,  0,  0,  0,  0, 59,  0,  0,  0],
       [ 0,  0,  0,  0,  1,  0,  0, 52,  0,  0],
       [ 0,  1,  0,  0,  0,  0,  0,  0, 57,  3],
       [ 0,  0,  0,  0,  0,  1,  0,  1,  0, 55]], dtype=int64)
>>>
```

这里第一行表示数字0的识别情况，第二行表示数字1的识别情况，第三行表示数字2的识别情况，以此类推，最后一行表示数字9的识别情况。由这个结果能够看出来每个数字具体的识别情况是：

■ 在用于评估的数据中有45个数据0，这些数据全都被正确识别了；

■ 在用于评估的数据中有52个（51+1）数据1，其中51个被识别为1，有1个被识别为4（第5列）；

■ 在用于评估的数据中有53个数据2，其中52个被识别为2，有1个被识别为7；

■ 在用于评估的数据中有54个数据3，其中52个被识别为3，有2个被识别为8；

■ 在用于评估的数据中有48个数据4，这些数据全都被识别正确了；

■ 在用于评估的数据中有57个数据5，其中54个被识别为5，有3个被识别为9；

■ 在用于评估的数据中有60个数据6，其中59个被识别为6，有1个被识别为1；

■ 在用于评估的数据中有53个数据7，其中52个被识别为7，有1个被识别为4；

■ 在用于评估的数据中有61个数据8，其中57个被识别为8，有1个被识别为1，有3个被识别为9；

■ 在用于评估的数据中有57个数据9，其中55个被识别为9，有1个被识别为5，有1个被识别为7。

这样我们就完成一个机器学习的分类器训练过程。至于说这个正确率是高还是低，那还需要和其他的机器学习算法进行比较才知道。

8.2.5　分类器的保存与读取

如果希望保存训练好的学习模型，将其作为之后使用的分类器，那么可以使用joblib模块中的dump()函数，操作如下。

```
>>> import joblib
>>> joblib.dump(mlpc,"mlpc.pkl")
['mlpc.pkl']
>>>
```

由于要使用joblib模块，所以首先需要导入joblib，然后使用dump()函数保存学习模型，其中函数的第一个参数是之前创建的学习模型，第二个参数是保存在本地的文件名。

而如果要加载一个已保存的学习模型作为分类器，则可以使用joblib模块中的load()函数，操作如下。

```
>>> import joblib
>>> joblib.load("mlpc.pkl")
MLPClassifier(max_iter=1000)
>>>
```

在程序中，通常要将函数的返回值保存在一个表示分类器的变量中。

8.3　使用OpenCV检测手写数字

有了分类器之后，本节来通过OpenCV实现手写数字的检测。整个操作大概分为以下5个步骤。

（1）读入图片。

（2）将图片转换为单通道的二值图像。

（3）轮廓检测，分割出表示数字的图片。

（4）虚化分割出来的图片。

（5）修改分割出的图片大小，调用之前训练好的分类器进行检测。

8.3.1　图像处理

我们先来实现1 ～ 3步。轮廓检测主要由findContours()函数实现，对应的示例代码如下。

```
import cv2
import numpy
```

```
img = cv2.imread("numtest.png")
cv2.imshow("original",img)
canny_img = cv2.Canny(img, 50, 150)
contours, hierarchy = cv2.findContours(canny_img,cv2.RETR_TREE,
              cv2.CHAIN_APPROX_SIMPLE)
for c in contours:
    x,y,w,h = cv2.boundingRect(c)
    cv2.rectangle(img, (x , y), (x + w, y + h), (255, 0, 0), 2)
cv2.imshow("Number",img)
```

这里我们换了一张写了两个数字的图片"numtest.png"。运行程序后，显示效果如图 8.10 所示。

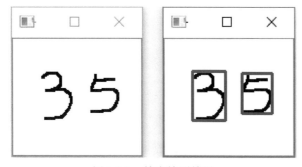

图8.10　轮廓检测效果

程序中，cv2.findContours() 函数的第一个参数是寻找轮廓的图像，这个图像必须是一个单通道的二值图像，因此之前使用 Canny() 函数来处理图像。之后第二个参数表示轮廓的检索模式，有4个选项：(1) cv2.RETR_EXTERNAL 只检测外轮廓；(2) cv2.RETR_LIST 检测的轮廓不建立等级关系；(3) cv2.RETR_CCOMP 建立两个等级的轮廓，上面的一层为外边界，里面的一层为内边界；(4) cv2.RETR_TREE 建立一个等级树结构的轮廓。这里选择的是 cv2.RETR_TREE。第三个参数表示轮廓的逼近方法，也有4个选项：cv2.CHAIN_APPROX_NONE 存储所有的轮廓点，相邻的两个点的像素位置差不超过1；cv2.CHAIN_APPROX_SIMPLE 压缩水平方向、垂直方向、对角线方向的元素，只保留该方向的终点坐标，例如一个矩形轮廓只需4个点来保存轮廓信息，这里的参数就是这个选项；cv2.CHAIN_APPROX_TC89_L1 和 cv2.CHAIN_APPROX_TC89_KCOS 都使用 teh-Chinl chain 近似算法。函数的返回值有两个，第一个为图像的轮廓，以列表的形式表示，每个元素都是图像中的一个轮廓；第二个为相应轮廓之间的关系，这是一个 ndarray，其中的元素个数和轮廓个数相同，每个轮廓 contours[i] 对应4个 hierarchy 元素，hierarchy[i] [0] ~hierarchy[i][3]，分别表示后一个轮廓、前一个轮廓、父轮廓、内嵌轮廓的索引编号，如果没有对应项，则该值为负数。

检测完轮廓之后，程序又通过 boundingRect() 函数计算出了轮廓覆盖的矩形区域，然后通过 rectangle() 函数绘制一个矩形来标示出检测到的数字。

8.3.2　数字识别

分割出表示数字的图片之后，再来进行 4、5 步，对应的示例代码如下。

```
import cv2
import joblib
import numpy
# 加载分类器
classfier = joblib.load("mlpc.pkl")
img = cv2.imread("numtest.png")
canny_img = cv2.Canny(img, 50, 150)
contours, hierarchy = cv2.findContours(canny_img,cv2.RETR_TREE,cv2.CHAIN_
APPROX_SIMPLE)
for c in contours:
    x,y,w,h = cv2.boundingRect(c)
    cv2.rectangle(img, (x , y), (x + w, y + h), (255, 0, 0), 2)
    # 分割出表示数字的图片
    numImg =  canny_img[y:y+h, x:w+x]
    # 使用均值滤波虚化图片
    numImg = cv2.blur(numImg, (3, 3))
    # 改变图像大小
    numImg = cv2.resize(numImg,(8,8))
    # 将二维数组改为一维数组
    numImg = numpy.reshape(numImg,(1,64))
    # 进行图像识别，并将识别结果写在图片上
        cv2.putText(img, str(classfier.predict(numImg)[0]), (x, y),cv2.FONT_
HERSHEY_SIMPLEX, 0.8, (0, 0, 255), 2)

cv2.imshow("Number",img)
```

程序中，我们在改变图像大小的时候使用了 resize() 函数，这个函数的第一个参数是要改变的图像，第二个参数是图像改变后的大小，这里将图片大小改为和 MNIST 中的手写数字大小一样。接着因为在进行图像识别时，我们的分类器只能接收一维数组，所以还要将改变了大小的图像数据由二维数组变为一维数组，对应使用的是 Numpy 模块中的 reshape 函数。该函数也有两个参数，第一个参数是要改变的二维数组，第二个参数是改变之后数组的形式，这里 (1,64) 就表示改变之后是一个一维数组，数组长度为 64（8×8=64）。图像数据修改好之后，就可以利用分类器进行识别了，同时这里将识别结果显示在原本的图片上。

显示识别结果使用的是 cv2 模块的 putText() 函数，这个函数的参数和 rectangle() 函

数以及line()函数的参数类似，分别为所绘制的图像、显示的文本、文本显示的坐标、文本的字体、文本的大小、文本的颜色、文本的粗细。

标示出检测到的数字后的图片如图8.11所示。

图8.11　标示出检测到的数字

这里要注意执行classfier.predict(numImg)进行识别之后返回的是一个列表（虽然在这个程序中每次都只有一个值），为了获取列表中的值，我们在classfier.predict(numImg)加了一对方括号，方括号中的数字为0，表示列表中的第一个值。之后使用str()函数将这个值转换为字符串。

这样，我们就通过自己训练的分类器实现了手写数字的检测。最后，我们通过matplotlib模块来展示一下变换之后、识别之前的图像数据。数字3的图像数据如图8.12所示，而数字5的图像数据如图8.13所示。

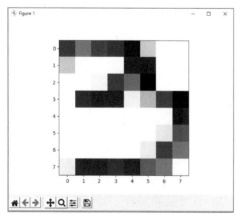

图8.12　数字3的图像数据

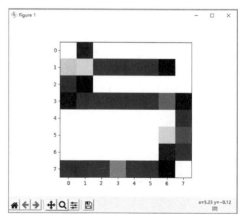

图8.13　数字5的图像数据